Contents

首先來探究π這個數

始自3.14的圓周率π …… 2
運用套色來觀察隨機排列的圓周率數字 …… 6
Coffee Break 默記π數值的諧音技巧 …… 8

衍生π的「圓／球」是怎樣的圖形？

圓與球是「最美的圖形」 …… 10
從每個方向看圓都是左右對稱 …… 12
觀察滾動的圓與球 …… 14
試著找出圓的中心① …… 16
試著找出圓的中心② …… 18
Coffee Break 圓經無限次反轉之後所出現的神祕圖形 …… 20

從圓之中發現π並挑戰至今

約西元前2000年就已發現π …… 22
阿基米德所想出的π之算法 …… 24
正多邊形法能將π值算到多精確？ …… 26
π無法用分子分母均為整數的分數來表示 …… 28
江戶時代的天才數學家也算過π值 …… 30
印度數學家靈光一閃的π公式 …… 32
Coffee Break 試著實際算出圓周率 …… 34
Coffee Break 半徑加長1公尺，圓周長會增加多少？ …… 36

π與圓面積及球體積的關係

細分圓以算得面積 …… 38
年輪蛋糕也能求出圓的面積！ …… 40
圓柱體／圓錐體／半球體之間的奇妙關係 …… 42
如何計算球的體積？ …… 44
Coffee Break 錐體體積公式為何是乘以「1/3」？ …… 46

π與球面的奧祕

如何計算球的表面積？ …… 48
球表面積與圓柱體側面積的奇妙關係 …… 50
球面上的三角形內角和不是180度？ …… 52
圓周率π值為「2」的世界存在嗎？ …… 54
Coffee Break 平面的地圖無法正確表現出地球的全貌 …… 56

將圓、球、π應用於生活中的科學

人孔蓋為何是圓的 …… 58
渾圓球狀水滴所隱藏的祕密 …… 60
球狀天體與形狀扭曲的天體之間有何差異？ …… 62
行星軌道呈圓形模樣的成因 …… 64
Coffee Break 什麼方法能將壹圓硬幣排列得最緊密？ …… 66
Coffee Break 什麼方法能將球體堆疊得最緊密？ …… 68

無限延續的奇妙數值π

進行無限次加法運算的「無窮級數」 …… 70
π能夠用無窮級數來表示 …… 72
至今仍持續計算π之小數點後的位數 …… 74
Coffee Break 最適合求婚的日子？「圓周率日」 …… 76

首先來探究π這個數

始自3.14的圓周率π

π的小數點之後是無限的延續

圓周率（π）是用以表示圓周長度（圓周）為該圓直徑之倍數的值。也就是說，「π＝圓周÷直徑」。π符號是17世紀前後自希臘文中「周邊」一字「περιφέρεια」（發音近似佩利斐雷亞）取其首字母而來的。

大多數人在小學課堂上，應該會常常使用到「π＝3.14」這個值。然而，實際上的π值並不僅止於此。π在小數點之後並非止於「14」，而是

π的開頭

					小數點後的位數
3. 1415926535	8979323846	2643383279	5028841971	6939937510	50
5820974944	5923078164	0628620899	8628034825	3421170679	100
8214808651	3282306647	0938446095	5058223172	5359408128	150
4811174502	8410270193	8521105559	6446229489	5493038196	200
4428810975	6659334461	2847564823	3786783165	2712019091	250
4564856692	3460348610	4543266482	1339360726	0249141273	300
7245870066	0631558817	4881520920	9628292540	9171536436	350
7892590360	0113305305	4882046652	1384146951	9415116094	400
3305727036	5759591953	0921861173	8193261179	3105118548	450
0744623799	6274956735	1885752724	8912279381	8301194912	500
9833673362	4406566430	8602139494	6395224737	1907021798	550
6094370277	0539217176	2931767523	8467481846	7669405132	600
0005681271	4526356082	7785771342	7577896091	7363717872	650
1468440901	2249534301	4654958537	1050792279	6892589235	700
4201995611	2129021960	8640344181	5981362977	4771309960	750
5187072113	4999999837	2978049951	0597317328	1609631859	800
5024459455	3469083026	4252230825	3344685035	2619311881	850
7101000313	7838752886	5875332083	8142061717	7669147303	900
5982534904	2875546873	1159562863	8823537875	9375195778	950
1857780532	1712268066	1300192787	6611195909	2164201989	1000

會無限不斷地延續下去。說是無限，絕非只是比喻，而是如同字義那樣無窮無盡（沒有盡頭）的一種情形。

首先來粗略看看π在小數點後5500位數左右的樣貌。

註：第2～5頁所列的π值，乃使用瑞士基本粒子物理學家特魯布（Peter Trueb）公布於網站（https://pi2e.ch/blog/）上的數據。

					小數點後的位數
3809525720	1065485863	2788659361	5338182796	8230301952	1050
0353018529	6899577362	2599413891	2497217752	8347913151	1100
5574857242	4541506959	5082953311	6861727855	8890750983	1150
8175463746	4939319255	0604009277	0167113900	9848824012	1200
8583616035	6370766010	4710181942	9555961989	4676783744	1250
9448255379	7747268471	0404753464	6208046684	2590694912	1300
9331367702	8989152104	7521620569	6602405803	8150193511	1350
2533824300	3558764024	7496473263	9141992726	0426992279	1400
6782354781	6360093417	2164121992	4586315030	2861829745	1450
5570674983	8505494588	5869269956	9092721079	7509302955	1500
3211653449	8720275596	0236480665	4991198818	3479775356	1550
6369807426	5425278625	5181841757	4672890977	7727938000	1600
8164706001	6145249192	1732172147	7235014144	1973568548	1650
1613611573	5255213347	5741849468	4385233239	0739414333	1700
4547762416	8625189835	6948556209	9219222184	2725502542	1750
5688767179	0494601653	4668049886	2723279178	6085784383	1800
8279679766	8145410095	3883786360	9506800642	2512520511	1850
7392984896	0841284886	2694560424	1965285022	2106611863	1900
0674427862	2039194945	0471237137	8696095636	4371917287	1950
4677646575	7396241389	0865832645	9958133904	7802759009	2000

					小數點後的位數
9465764078	9512694683	9835259570	9825822620	5224894077	2050
2671947826	8482601476	9909026401	3639443745	5305068203	2100
4962524517	4939965143	1429809190	6592509372	2169646151	2150
5709858387	4105978859	5977297549	8930161753	9284681382	2200
6868386894	2774155991	8559252459	5395943104	9972524680	2250
8459872736	4469584865	3836736222	6260991246	0805124388	2300
4390451244	1365497627	8079771569	1435997700	1296160894	2350
4169486855	5848406353	4220722258	2848864815	8456028506	2400
0168427394	5226746767	8895252138	5225499546	6672782398	2450
6456596116	3548862305	7745649803	5593634568	1743241125	2500
1507606947	9451096596	0940252288	7971089314	5669136867	2550
2287489405	6010150330	8617928680	9208747609	1782493858	2600
9009714909	6759852613	6554978189	3129784821	6829989487	2650
2265880485	7564014270	4775551323	7964145152	3746234364	2700
5428584447	9526586782	1051141354	7357395231	1342716610	2750
2135969536	2314429524	8493718711	0145765403	5902799344	2800
0374200731	0578539062	1983874478	0847848968	3321445713	2850
8687519435	0643021845	3191048481	0053706146	8067491927	2900
8191197939	9520614196	6342875444	0643745123	7181921799	2950
9839101591	9561814675	1426912397	4894090718	6494231961	3000
5679452080	9514655022	5231603881	9301420937	6213785595	3050
6638937787	0830390697	9207734672	2182562599	6615014215	3100
0306803844	7734549202	6054146659	2520149744	2850732518	3150
6660021324	3408819071	0486331734	6496514539	0579626856	3200
1005508106	6587969981	6357473638	4052571459	1028970641	3250
4011097120	6280439039	7595156771	5770042033	7869936007	3300
2305587631	7635942187	3125147120	5329281918	2618612586	3350
7321579198	4148488291	6447060957	5270695722	0917567116	3400
7229109816	9091528017	3506712748	5832228718	3520935396	3450
5725121083	5791513698	8209144421	0067510334	6711031412	3500
6711136990	8658516398	3150197016	5151168517	1437657618	3550
3515565088	4909989859	9823873455	2833163550	7647918535	3600
8932261854	8963213293	3089857064	2046752590	7091548141	3650
6549859461	6371802709	8199430992	4488957571	2828905923	3700
2332609729	9712084433	5732654893	8239119325	9746366730	3750

					小數點後的位數
5836041428	1388303203	8249037589	8524374417	0291327656	3800
1809377344	4030707469	2112019130	2033038019	7621101100	3850
4492932151	6084244485	9637669838	9522868478	3123552658	3900
2131449576	8572624334	4189303968	6426243410	7732269780	3950
2807318915	4411010446	8232527162	0105265227	2111660396	4000
6655730925	4711055785	3763466820	6531098965	2691862056	4050
4769312570	5863566201	8558100729	3606598764	8611791045	4100
3348850346	1136576867	5324944166	8039626579	7877185560	4150
8455296541	2665408530	6143444318	5867697514	5661406800	4200
7002378776	5913440171	2749470420	5622305389	9456131407	4250
1127000407	8547332699	3908145466	4645880797	2708266830	4300
6343285878	5698305235	8089330657	5740679545	7163775254	4350
2021149557	6158140025	0126228594	1302164715	5097925923	4400
0990796547	3761255176	5675135751	7829666454	7791745011	4450
2996148903	0463994713	2962107340	4375189573	5961458901	4500
9389713111	7904297828	5647503203	1986915140	2870808599	4550
0480109412	1472213179	4764777262	2414254854	5403321571	4600
8530614228	8137585043	0633217518	2979866223	7172159160	4650
7716692547	4873898665	4949450114	6540628433	6639379003	4700
9769265672	1463853067	3609657120	9180763832	7166416274	4750
8888007869	2560290228	4721040317	2118608204	1900042296	4800
6171196377	9213375751	1495950156	6049631862	9472654736	4850
4252308177	0367515906	7350235072	8354056704	0386743513	4900
6222247715	8915049530	9844489333	0963408780	7693259939	4950
7805419341	4473774418	4263129860	8099888687	4132604721	5000
5695162396	5864573021	6315981931	9516735381	2974167729	5050
4786724229	2465436680	0980676928	2382806899	6400482435	5100
4037014163	1496589794	0924323789	6907069779	4223625082	5150
2168895738	3798623001	5937764716	5122893578	6015881617	5200
5578297352	3344604281	5126272037	3431465319	7777416031	5250
9906655418	7639792933	4419521541	3418994854	4473456738	5300
3162499341	9131814809	2777710386	3877343177	2075456545	5350
3220777092	1201905166	0962804909	2636019759	8828161332	5400
3166636528	6193266863	3606273567	6303544776	2803504507	5450
7723554710	5859548702	7908143562	4014517180	6246436267	5500

……（之後，位數仍將無限延續下去）……

首先來探究π這個數

運用套色來觀察隨機排列的圓周率數字

圓周率數字的排列並無規則性

將分數$\frac{1}{7}$用小數來表示的話，就會變成0.142857142857……，小數點之後的數字會無限位數地延續，就跟圓周率一樣。然而，它卻有個地方與圓周率大不相同，那就是小數點之後會重複出現「142857」這串數字。如果是$\frac{1}{17}$的話，則會如下圖所示重複出現「0588235294117647」這16位數字。

像$\frac{1}{7}$或是$\frac{1}{17}$這樣，在小數點之後會重複出現特定數字排列的小數，

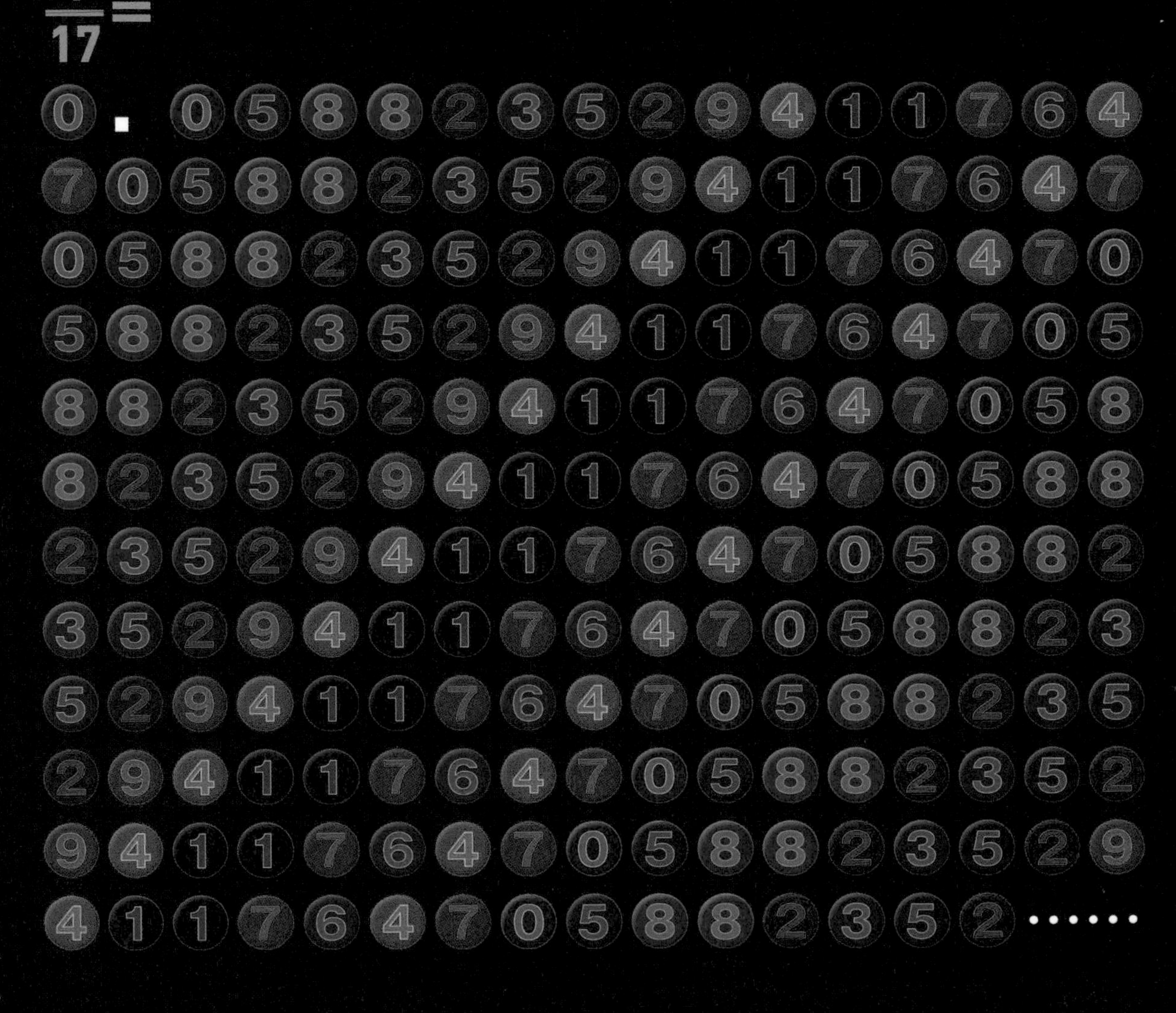

就稱為「循環小數」（repeating decimal）。分子與分母均為整數的分數（但不包含分母為 0 的情形）稱為「有理數」（rational number）。當有理數化成小數時，其結果不是變成循環小數，就是變成像「1.2」這樣以某個數字作結的「有限小數」（finite decimal）。而有限小數也可以視為在某位數結束之後重複出現 0 的循環小數。

然而，如果用小數來表示圓周率的話，位數就不會出現循環，而會無限地延續下去。從下圖應該就能夠清楚地理解，圓周率數字的排列並無規律可言。

圓周率無法以分子與分母皆為整數的分數來表示。也就是說，圓周率並不是有理數。而這樣的數就稱為「無理數」（irrational number）。

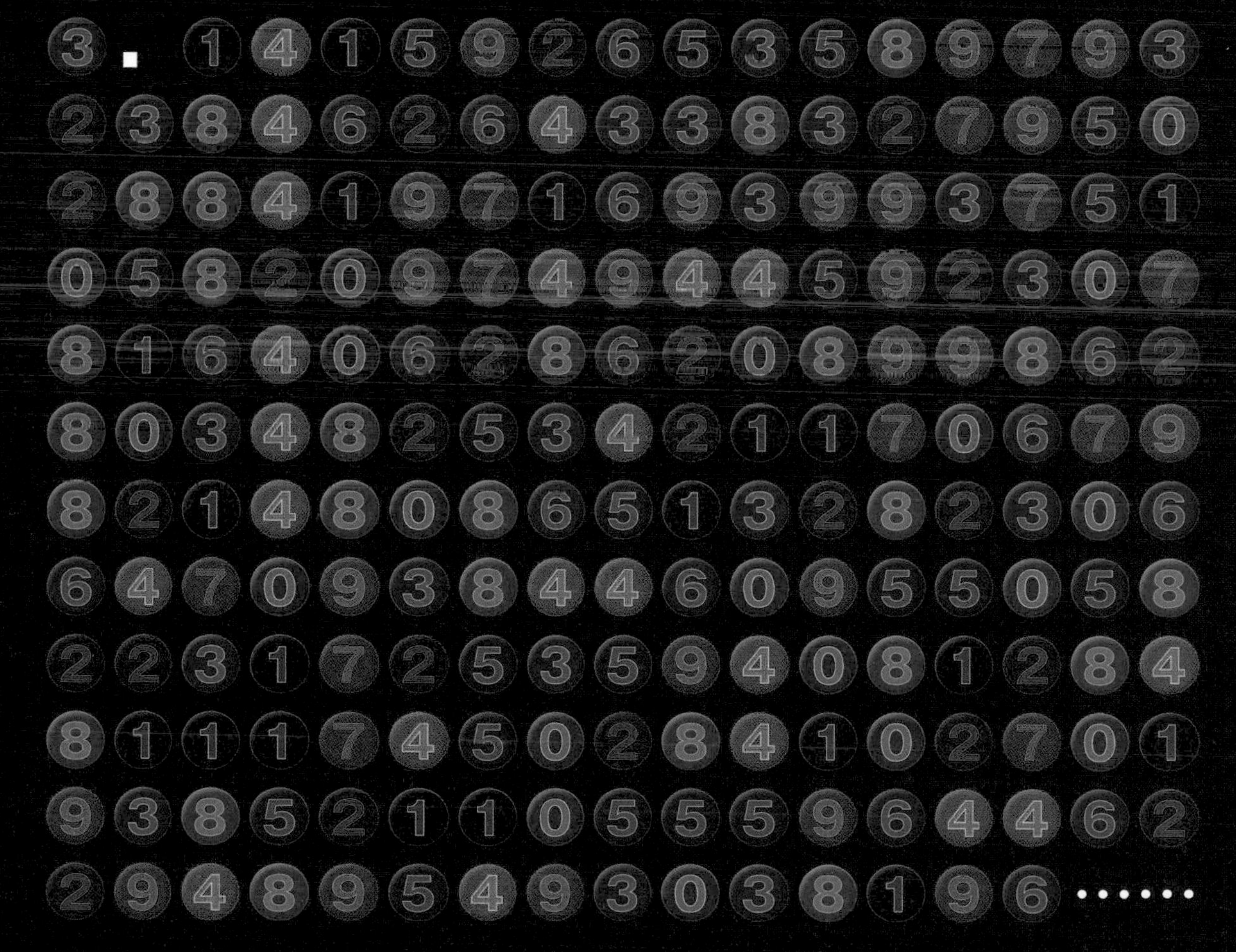

默記 π 數值的諧音技巧

世界上有一群人在挑戰從開頭一路背誦 π（將默記的內容一字不漏地唸出來）。由於 π 值在小數點之後無限延續也不會重複出現特定的數列，因而能夠藉由背出 π 數值小數點後幾位數來一較記憶力高下。

據說目前背誦 π 數值的世界紀錄保持人是日本的原口證（Akira Haraguchi，1945～）。原口從2006年10月 3 日的上午 9 點到 4 日的凌晨

日文諧音範例 1（到小數點後第20位）

身(み)一(ひと)つ　世(よ)一(ひと)つ　生(い)くに　無(む)意(い)味(み)。
3.1　4　1　5 9 2　6 5 3

いわく　なく　身(み)　文(ふみ)や　読(よ)む
5 8 9　7 9　3　23 8　4 6

日文諧音範例 2（到小數點後第30位）

身(み)一(ひと)つ　世(よ)一(ひと)つ　生(い)くに　無(む)意(い)味(み)。
3.1　4　1　5 9 2　6 5 3

曰(いわ)く　泣(な)く　身(み)に　宮(みや)城(しろ)に　虫(むし)さんざん。　闇(やみ)に　泣(な)く
58 9　7 9　3 2　38 46 2　64 3　3　83 2　7 9

1點30分，共耗費16小時又30分鐘，成功背誦出 π 數值達小數點之後的10萬位數。

據說原口是運用「諧音」技巧來記憶 π 數值的。諧音是將原本詞彙（以 π 而言就是數字）替換成有著相似發音之其他詞彙的方法。而原口的諧音技巧是將 π 值替換成文字，描述北海道松前藩的武士自踏上旅程而開展的恢宏傳奇故事。

下方列舉的是日本一般大眾熟知的 π 值諧音範例※。會日文的讀者不妨試試。

※編註：各國都有類似的諧音範例，版本很多，故不一一列出。中文近年引起話題的是網路上有人寫成詩的版本：「山巔一寺一壺酒，二柳舞扇舞，把酒棄舊山，惡善百世流。」

日文諧音範例3（到小數點後第39位）

さん い し　い こく　む　さん ご　やく　な
產医師　異国に　向こう　産後　厄　無く
3.14　1592　65　35　89　79

さん ぷ　み やしろ　むし さん ざん　やみ　な
産婦　御社に　虫散々　闇に　鳴く。
32　38462　6433　832　79

れい　は　い
ご礼には　早よ　行くな
5028　84　197

註：第8～9頁所列的諧音參考自《πの歴史》（Petr Beckmann作，田尾陽一，清水韶光譯，筑摩書房）以及《秋山仁と算数・数学不思議探検隊》（都數研・不思議調查班編，森北出版）等書。

編註：範例1含意為「孑身一世無意義　拒之無由 潛心文章」
範例2含意為「孑身一世無意義　所謂 泣也 身在宮城　群蟲泣闇」
範例3含意為「產醫身赴異國 產婦產後無厄　月下神社群蟲響笙歌　銘謝猶尚早」

衍生π的「圓／球」是怎樣的圖形？

圓與球是「最美的圖形」

圓與球都是與中心距離相同之點的集合

人類與圓周率π的交集至少可以追溯到西元前2000年前後（詳情請見第22頁）。而人們之所以從上古時代就如此關注π，可以說是因為圓與球是「最美的圖形」。接下來，我們就來一探圓與球的究竟。

圓在數學上可以說是「與平面上某個點（中心）距離相同之點的集合」（有時候圓周內部也一併稱作圓）。如果站在圓的中心眺望周圍，則無論從哪個方向看，圓周上的點都處於

何謂圓？

圓是指與平面上某個點（中心）距離均等長之點的集合（或是其內部）。

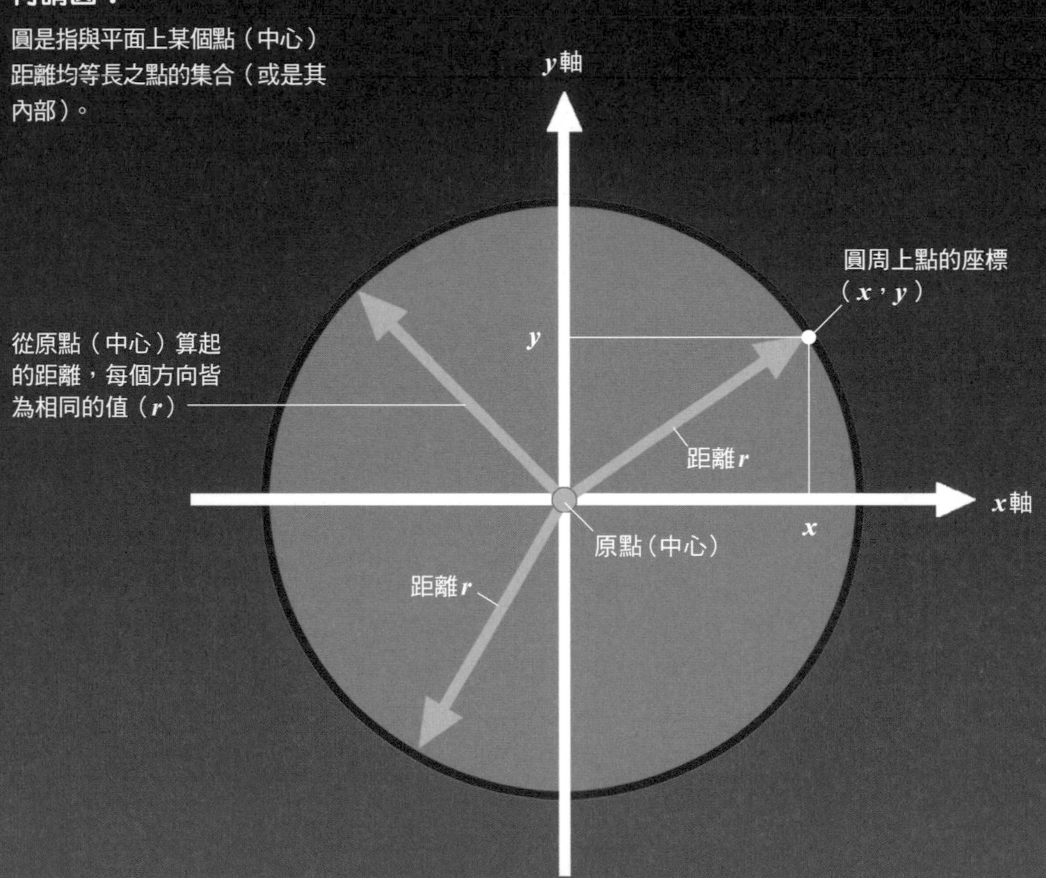

圓方程式（中心為原點，半徑為r）：$x^2+y^2=r^2$
→ 圓周上所有點的座標（x，y）均滿足此式

相同距離的位置上。從中心看出去的話，圓可以說是每個方向都「等距」的圖形。

另一方面，球在數學上可以視為「與空間中某個點（中心）距離相同之點的集合」（有時候球面內部也一併稱作球）。球也是一樣具相同性質，從中心看出去的話，每個方向都會是「等距」的。

何謂球？

球是指與空間中某個點（中心）距離均等長之點的集合（或是其內部）。

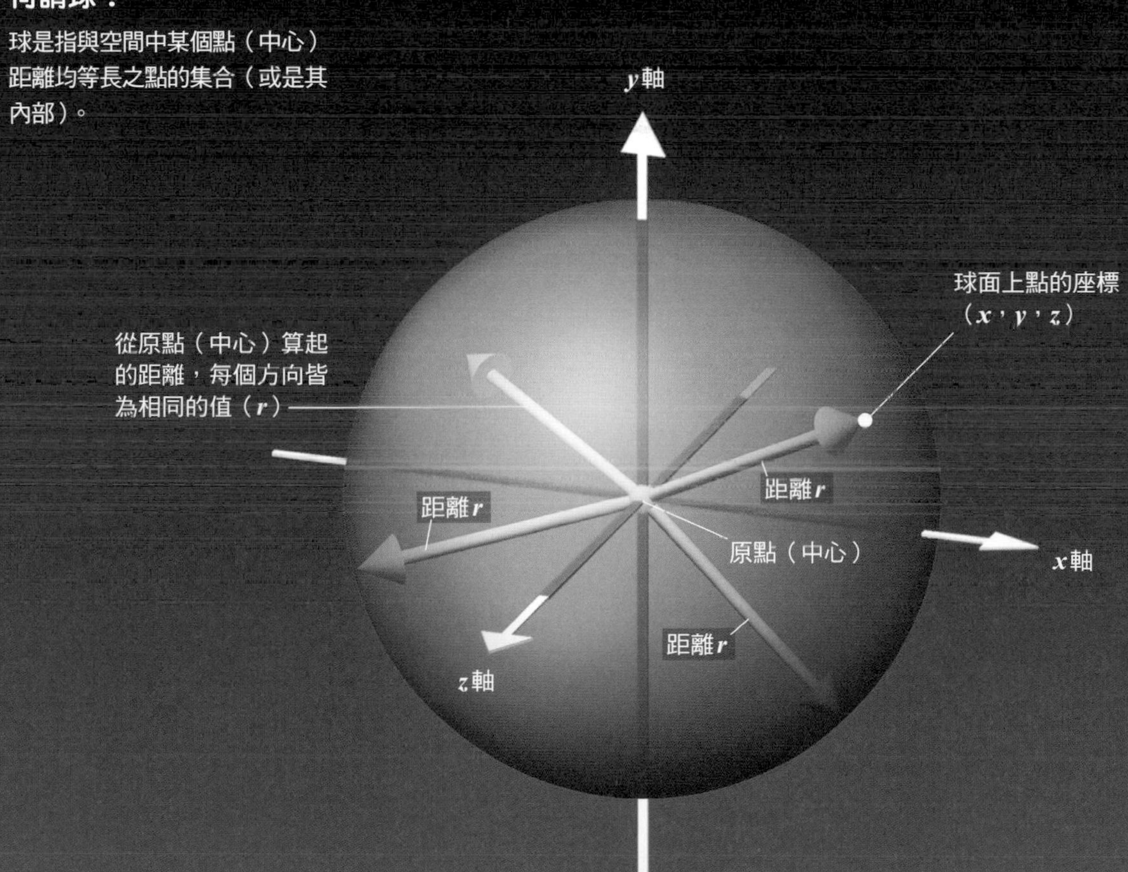

球方程式（中心為原點，半徑為 r）：$x^2+y^2+z^2=r^2$
→ 球面上所有點的座標（x，y，z）均滿足此式

衍生 π 的「圓／球」是怎樣的圖形？

從每個方向看圓都是左右對稱

穿過中心的直線必能重合

要理解圓與球的關鍵在於「對稱性」。對稱性在數學上是指將圖形對摺時兩半部分會完全（恰好）疊合，而且旋轉時不會影響到該圖形原始形狀的特性。

日常生活中也經常會使用到「左右對稱」這個語詞。我們人類的臉以及身體，大致上來說是左右對稱的。

左右對稱在數學上屬於一種「線對稱」（line symmetry）。所謂的線對稱，是指「當圖形按某條直線（對稱軸）對摺時，會完全地疊合」※。

如右頁圖所示，正三角形有 3 條，正方形有 4 條，而星狀圖形則有 5 條對稱軸。相對於前述圖形，圓則是有無限多條對稱軸。

無論是何種直線，凡是「通過中心的直線」，皆能使圓在對摺時完全地疊合。

※：日常生活中所說的左右對稱，是指以上下方向之直線為對稱軸的線對稱。

無論是按何種直線來對摺，都會完全疊合？

就圓而言，凡是按通過中心的任何直線（對稱軸）來對摺，就可以完全地疊合。另一方面，星形、正方形以及正三角形，只有按照如圖所示的線（對稱軸）來對摺，才能完全地疊合。

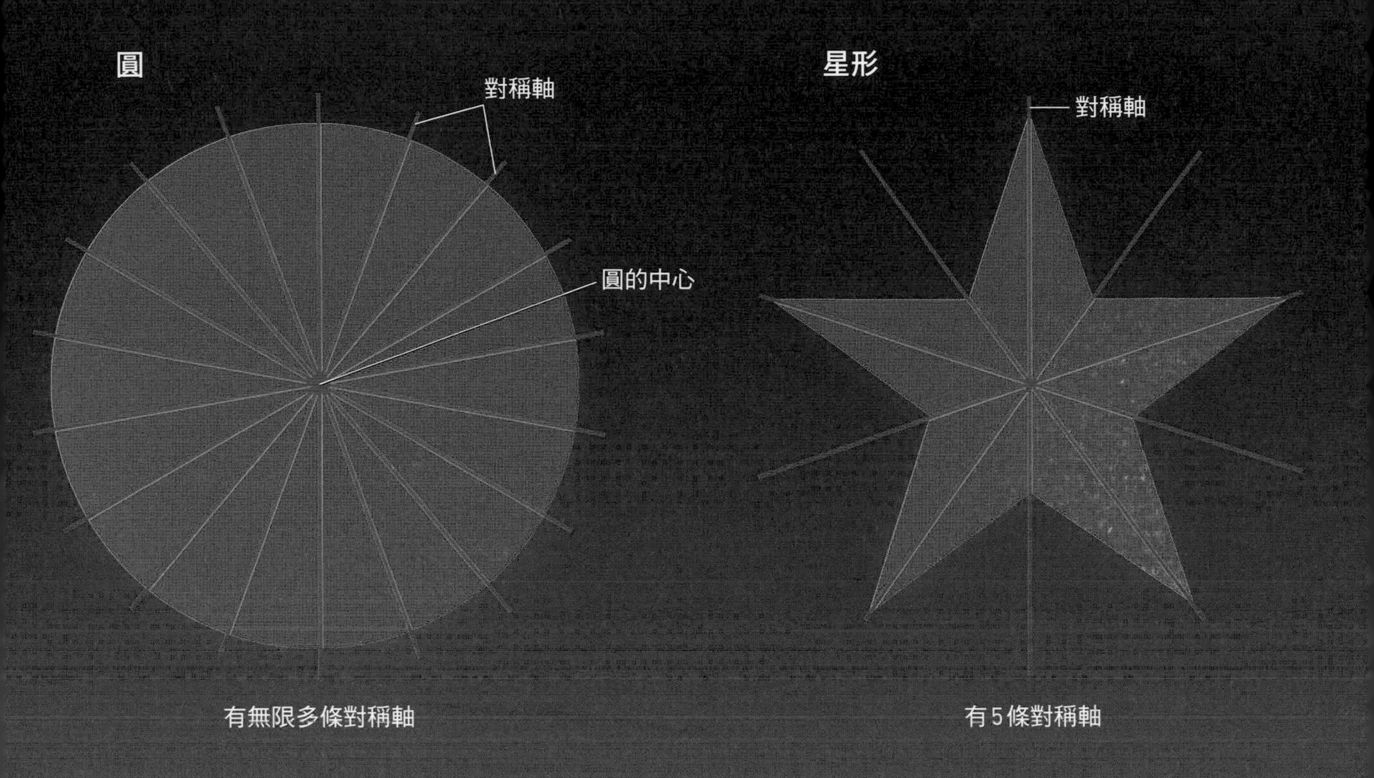
圓
對稱軸
圓的中心
有無限多條對稱軸
星形
對稱軸
有 5 條對稱軸

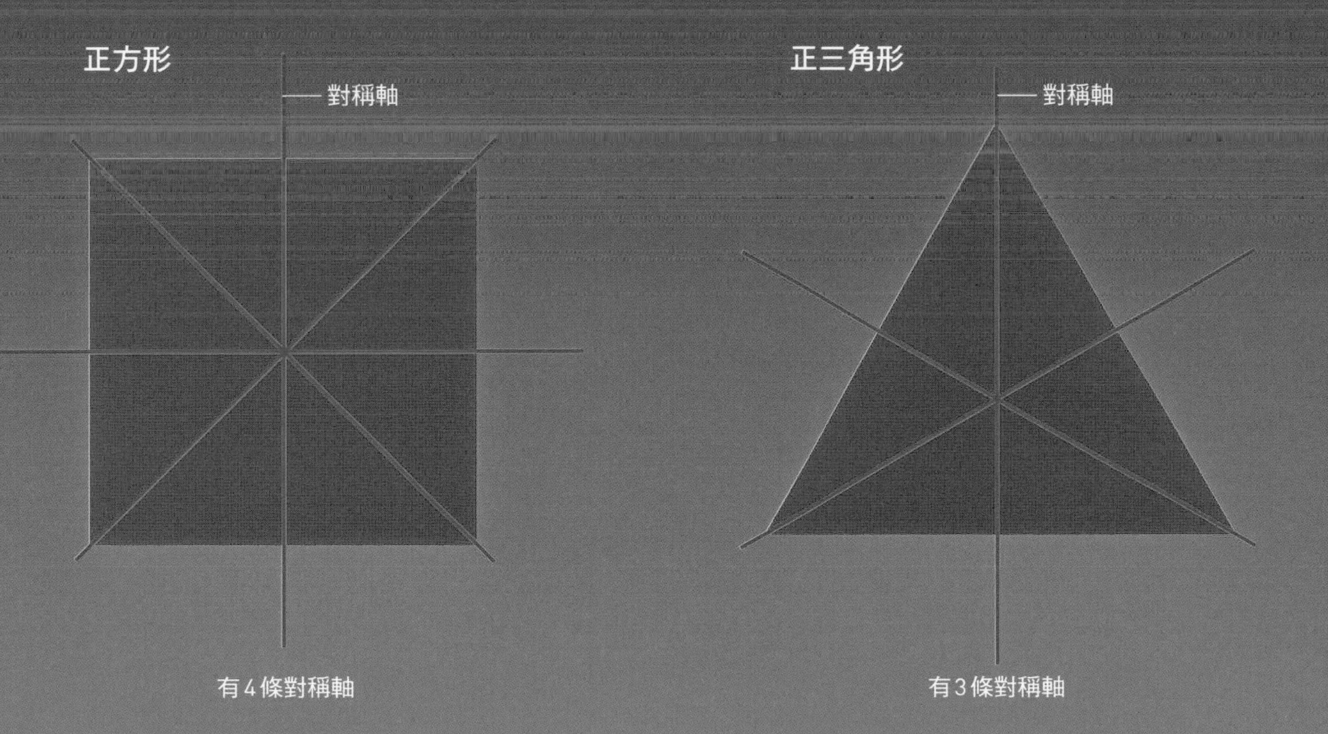
正方形
對稱軸
有 4 條對稱軸
正三角形
對稱軸
有 3 條對稱軸

衍生 π 的「圓／球」是怎樣的圖形？

觀察滾動的圓與球

無論如何滾動，球都維持原樣

這次要思考的是，若令圓或球「滾動」，則會發生什麼狀況。

將圓的中心固定，以0～360度之間的任意角度令其滾動，圓仍會是原來的樣子。另一方面，將球的中心固定，在空間中朝任意方向以任意角度令其滾動，球仍會是原來的樣子。數學中「圖形滾動時仍會保持原來的樣子」就稱為「旋轉對稱」（rotational symmetry）。

如此這般，就對稱性觀之，圓與球

令圓滾動的話？

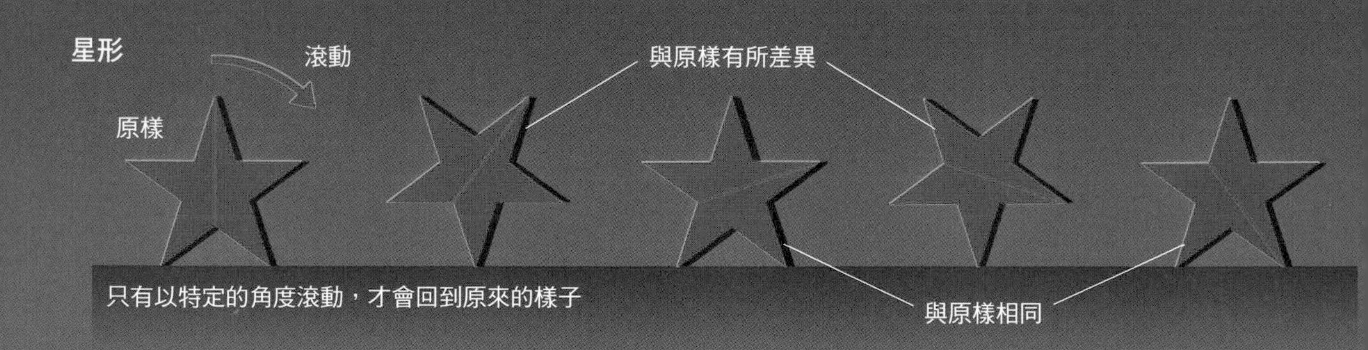

以0～360度之間的任意角度滾動，圓仍是原來的樣子。另一方面，星形則只有在以72度的倍數來滾動，才會是原來的樣子（360度÷5＝72度）。此外，為了易於辨識滾動的角度大小，圖中加上淺紅線作為輔助線。

具有線對稱（第12～13頁）以及旋轉對稱等特性，可以說是非常特殊的圖形。圓與球沒有特定的方向（高對稱性），可謂「最美的圖形」。

令球滾動的話？

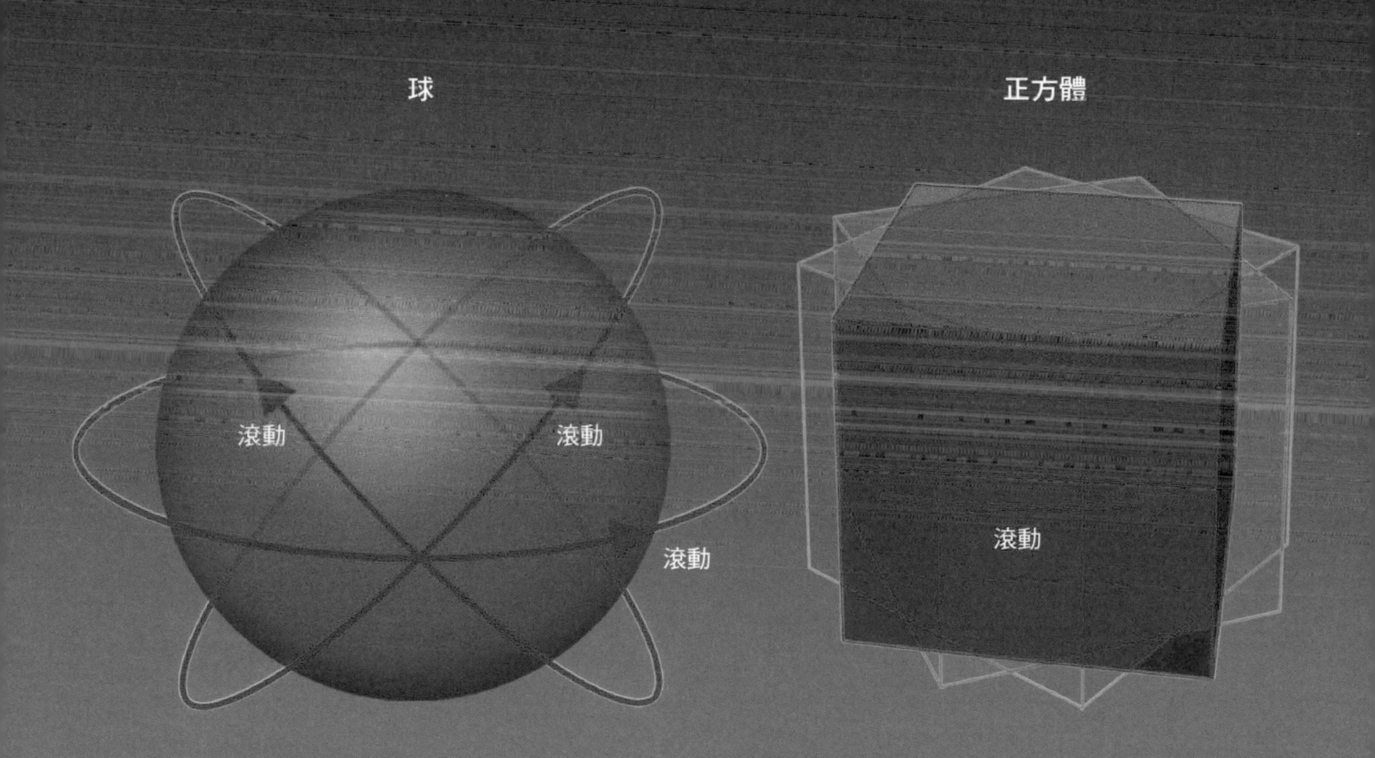

無論朝哪個方向滾動或滾動幾度，球仍會是原來的樣子。另一方面，正方體則只有朝特定方向及角度滾動（例如，朝上圖所示的方向用90度的倍數來滾動），才會呈現原來的樣子。

試著找出圓的中心①

用鉛筆與大型直角三角尺來挑戰

為了更熟悉圓，我們來試著挑戰一個小測驗。題目就是「找出圓的中心」！

現在，假設有一個中心位置不明的圓。在只能夠使用鉛筆與大型直角三角尺的前提下，要如何求出該圓的中心呢？

解開這道作圖題的關鍵在於「如果用圓的直徑與圓周上的 1 點來畫出三角形，則在此點形成的夾角必為直角（90度）」這項圓的特性（請參照左頁的提示）。

題目

請用鉛筆與大型直角三角尺找出圓的中心。但尺上沒有刻度。

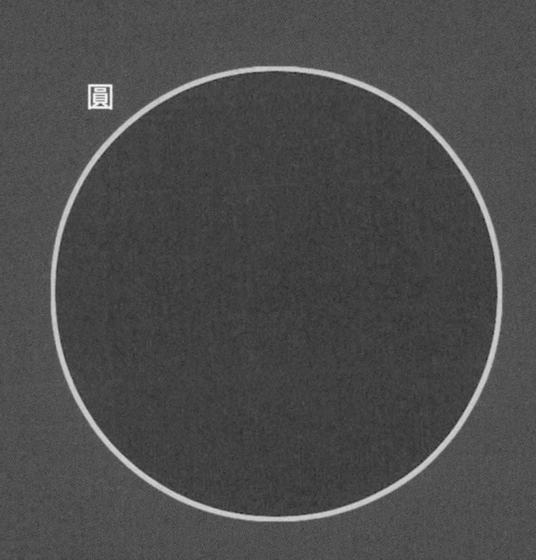

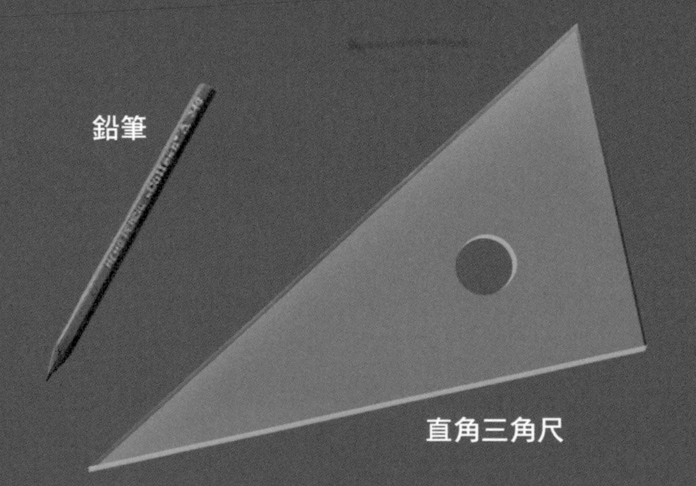

提示

以直徑為三角形的一個邊，且圓周上的點為其中一頂點來畫三角形，則點形成的夾角（圓周角）必為直角（90度）。反之，如果圓周角是直角，則其弦即為該圓直徑。

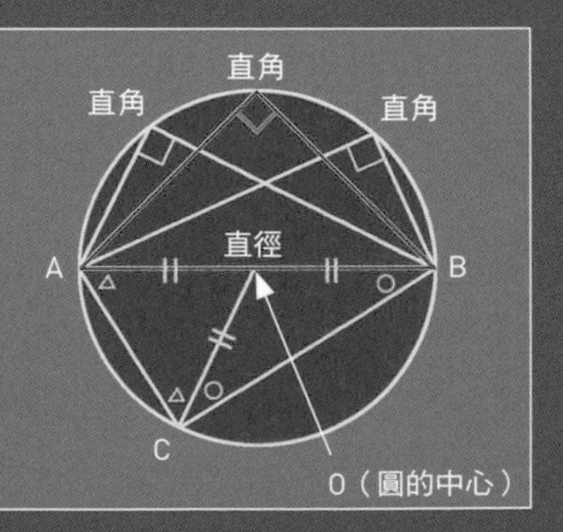

沿著尺緣畫出構成直角兩邊的2條直線（AB與AC）。這2條直線應該會分別與圓周相交。這2個交點（點B、C）相連而成的線段（BC）即為該圓直徑。

再重複一次相同的動作，畫出另一條直徑（EF）之後，兩條直徑會相交於1點。這個交點就是該圓的中心（O）。

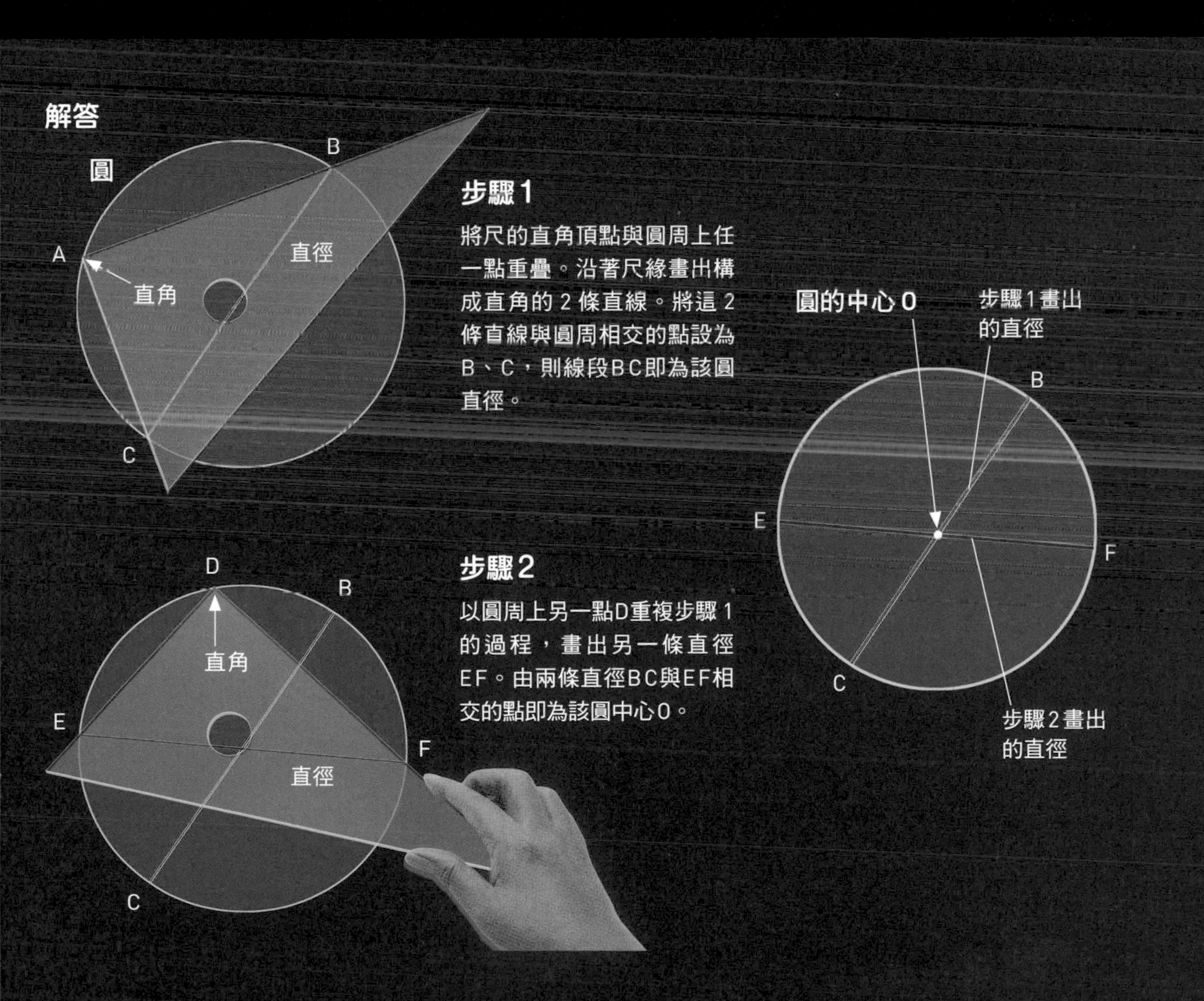

試著找出圓的中心②

用鉛筆、圓規與直尺來挑戰

如前一單元，這裡同樣是個找出圓之中心的小測驗。惟這次要運用圓規來解題。

現在，假設有一個中心位置不明的圓。要如何運用鉛筆、圓規與直尺來求出該圓的中心呢？

解開這道作圖題的關鍵在於「圓是與某個點（中心）距離相同之點的集合」此一定義。從圓的中心到圓周上任一點的距離都是相等的。

正確解答如下。

首先，用直尺在適當的地方畫出弦

題目

請用鉛筆、圓規與直尺，找出圓的中心。但尺上沒有刻度。

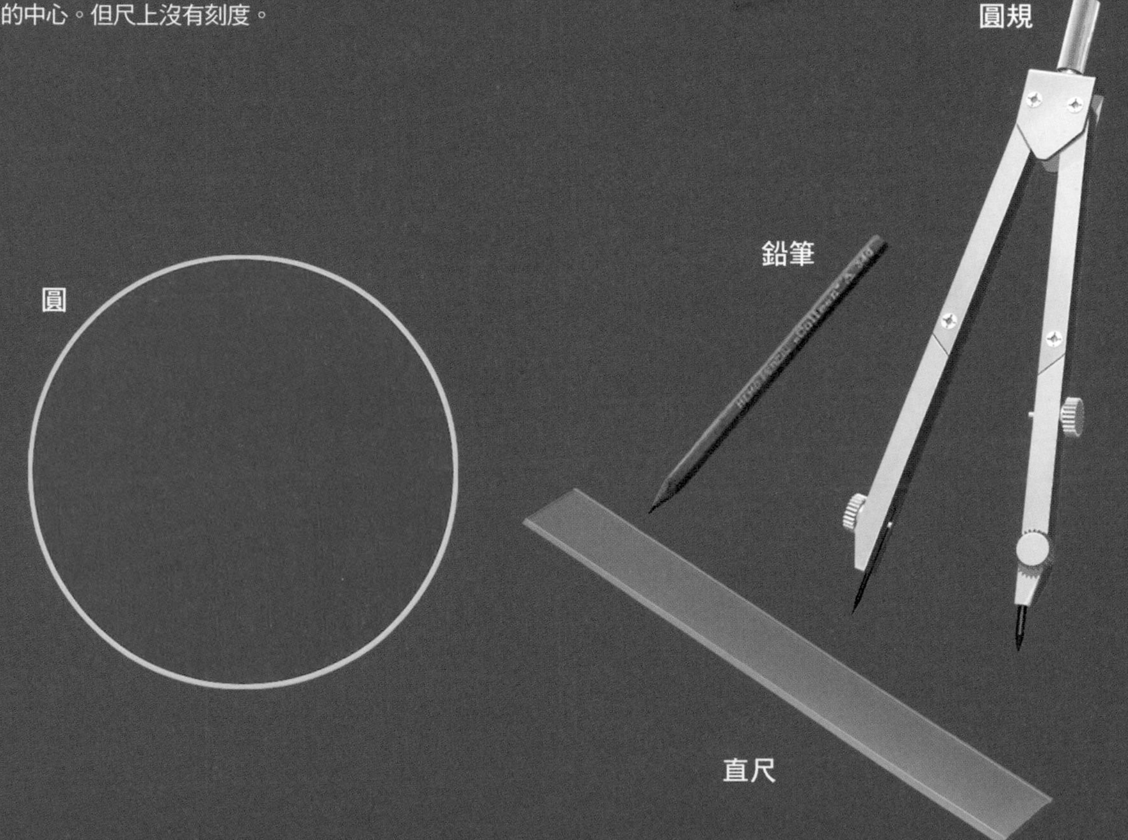

AB。然後再使用圓規，畫出弦AB的「垂直平分線（又名中垂線，與AB垂直相交且平分AB的直線）」。此垂直平分線也是與AB等距離之點的集合，因此在該直線上應有某點是圓的中心。

接著，用其他的弦（如弦CD）進行相同的動作。由於弦CD的垂直平分線上也應有某點是圓的中心，因此兩條垂直平分線的交點就是該圓的中心（O）。

解答

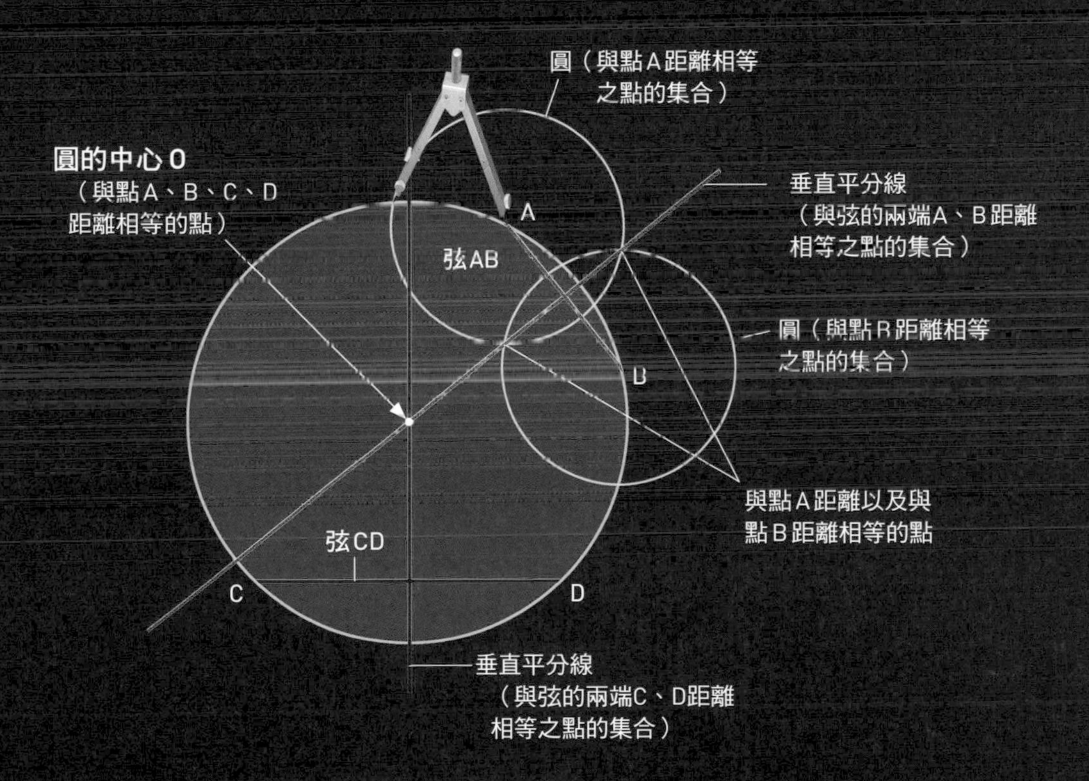

弦AB之垂直平分線的畫法

以弦AB的兩端為中心，用圓規分別畫出半徑相同的圓。半徑比弦AB的一半長度要長一些。如此一來，兩圓就會相交於2個點。這2個交點連成的直線即為弦AB的垂直平分線。

Column

Coffee Break

圓經無限次反轉之後所出現的神祕圖形

谷灣海岸（ria coast）的海岸線以及有大量分枝的樹木、積雨雲（cumulonimbus）、花椰菜、閃電的形狀……自然界產生的各種形狀與現象著實複雜。然而，這些現象都有個共同的特徵。**那就是只要放大其中一部分，其圖形就會呈現與整體相似的形狀。而且此放大程序還可以重複好幾次**。具有該性質的形狀稱為

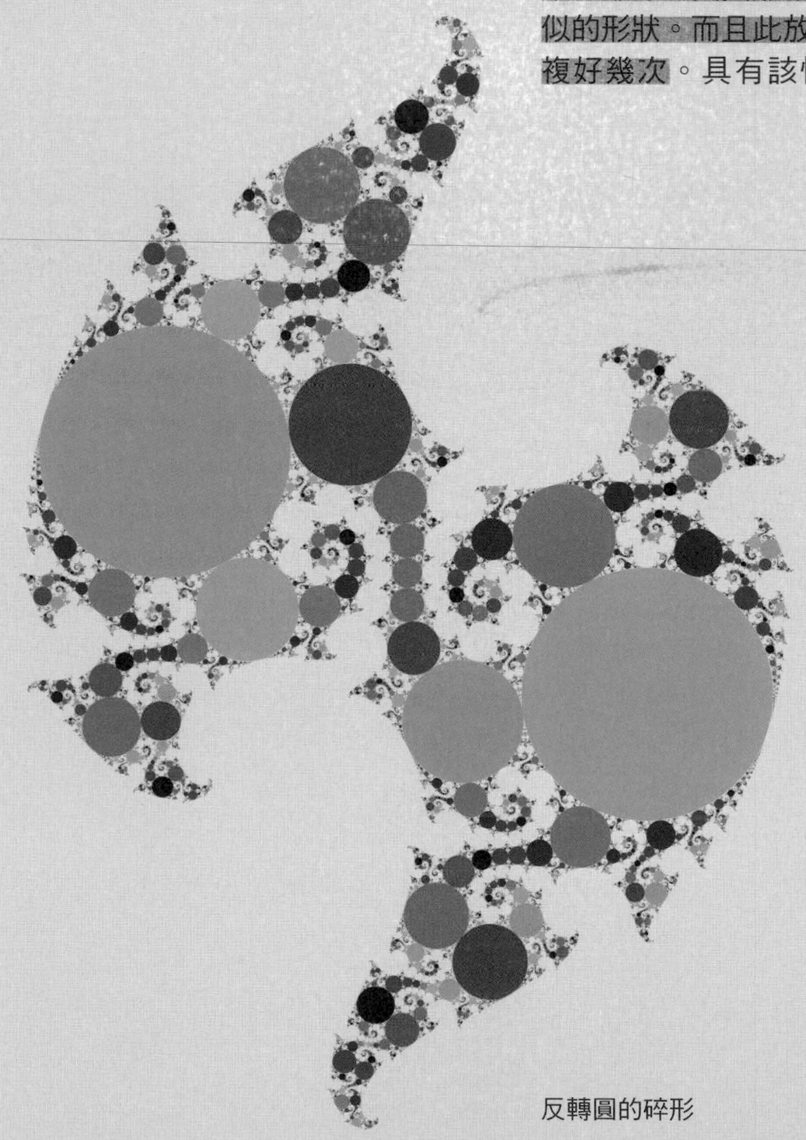

反轉圓的碎形

「碎形」(fractal)。

要製作碎形圖樣的方法有很多種，不過此處介紹的圖樣是透過重複以下流程製作而成：(1)複製出許多個該圖樣，(2)對這些圖樣各別進行「縮小轉換」。隨著不斷重複這些動作，所複製的圖樣數量會越來越多，這些圖樣相連之後，整體將形成複雜的碎形圖樣。

下圖均是基於圓或球所製作出來的碎形圖樣。雖然省略了各圖樣相關的詳細說明，不過光是觀看這些圖樣，應該可以從中感受到讓人目不轉睛的神奇魅力。

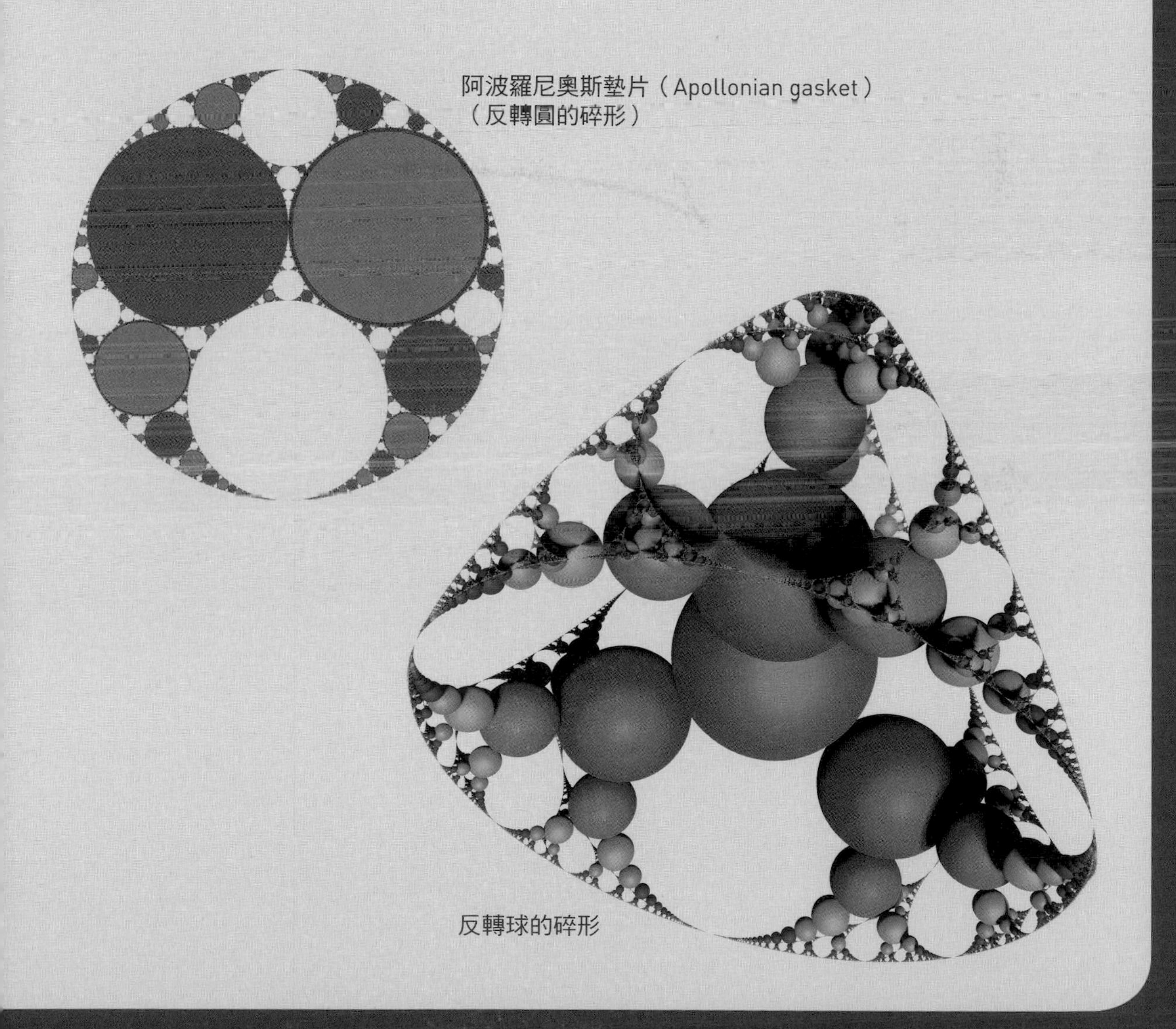

阿波羅尼奧斯墊片(Apollonian gasket)
(反轉圓的碎形)

反轉球的碎形

從圓之中發現 π 並挑戰至今

約西元前2000年就已發現 π

有繩子、地樁與棒子，就能求出 π

接著就來探看從古至今是如何求出圓周率 π 的。

人類開始注意到圓周除以直徑所得的值會是固定的，最晚可以追溯到西元前2000年左右。而這個值就是 π。

在大約西元前2000年的巴比倫尼亞（Babylonia）地區（現今的伊拉克南部），當時的巴比倫尼亞人就已經有 π 為「3」或「$3\frac{1}{8}$（=3.125）」的概念了。當時並沒有精確的尺規，也

求出 π 的原始方法

π 是圓周除以直徑所得的值（亦即 π = 圓周÷直徑）。將繩子折半畫圓，然後拉開整條繩子並順著圓弧疊置於畫出來的圓上，就能求出 π。

1. 將繩子折半畫出圓

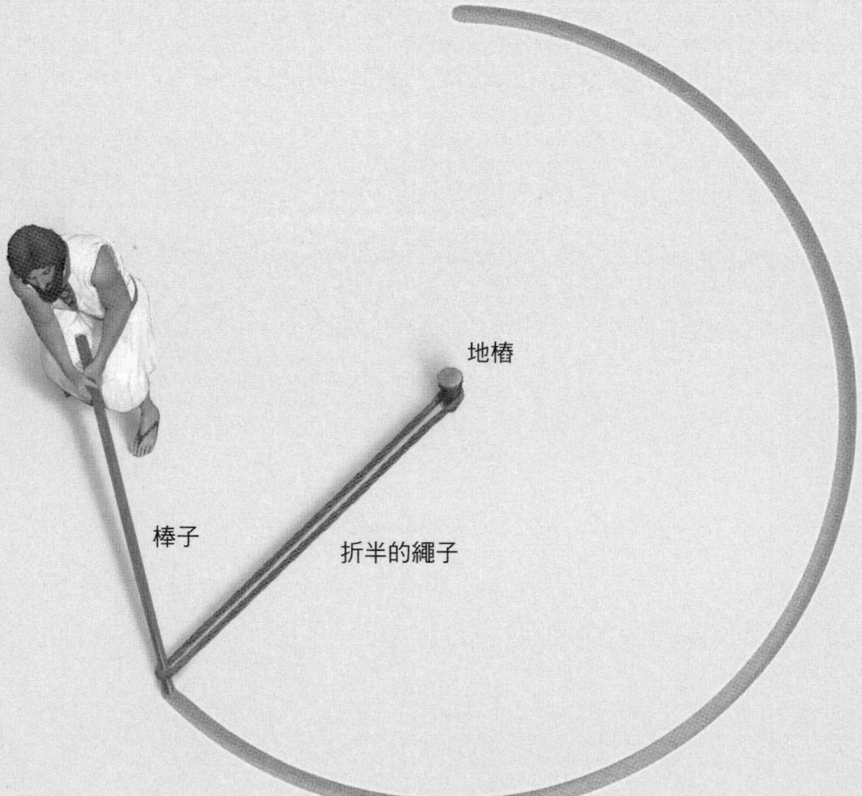

由於「π = 圓周÷直徑」，所以「圓周 = π × 直徑」。將圓的半徑設為 r，則直徑以 $2r$ 來表示。從而可以導出公式「圓周 = π × 直徑 = π × $2r$ = $2\pi r$」。

重要公式1

圓周 = $2\pi r$
（r 為圓的半徑）

沒有能夠測量曲線長度的工具。那他們到底是如何求出這個值的呢？

下圖所示就是運用繩子來求出 π 的原始方法。先將繩子折半並綁在地樁與棒子上，然後在地面上畫圓。整條繩子拉開後就與該圓的直徑等長。**如果將這條繩子順著圓弧疊置於畫出來的圓上，就可得知圓周是直徑的幾倍了**。推測巴比倫尼亞人應該是用同樣的方法求出 π。

2. 把拉開的繩子疊置於畫出來的圓上

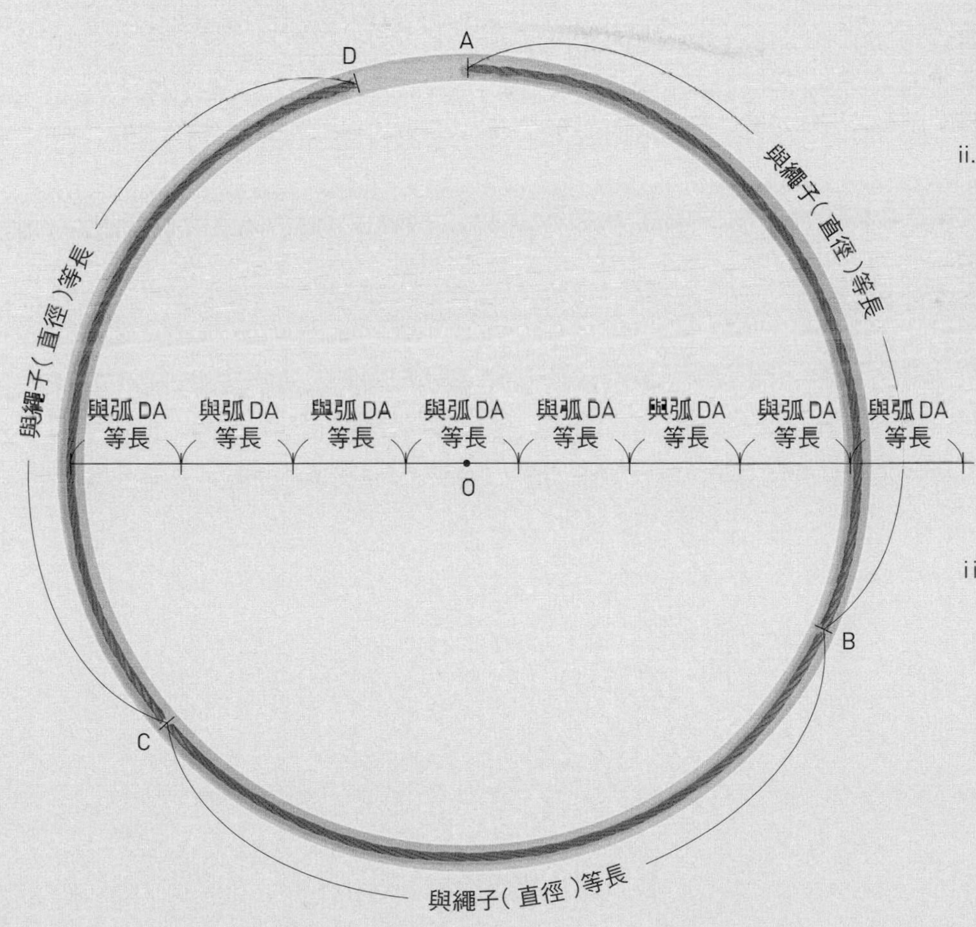

i. 將繩子疊置於圓周上，可以擺放 3 條繩子的長度（弧AB、弧BC、弧CD）還有餘。故可得知圓周的長度為直徑的 3 倍再加上弧DA的長度。

ii. 描取弧DA的長度並在繩子上做記號，將其疊置於直徑上，可以擺放約 7～8 段的長度。可知弧DA的長度為直徑的 $\frac{1}{8}$～$\frac{1}{7}$倍。

iii. 從 i 與 ii 可以得知，圓周的長度為直徑的 $3\frac{1}{8}$～$3\frac{1}{7}$ 倍。也就是說，π 介於 $3\frac{1}{8}$～$3\frac{1}{7}$ 之間。

從圓之中發現 π 並挑戰至今

阿基米德所想出的 π 之算法

用大小各一的兩個正六邊形夾住圓

想到用數學方法算出 π 之近似值的人，出現於西元前 3 世紀的古希臘。這個人就是數學家暨物理學家阿基米德（Archimedes，約前287～約前212）。

阿基米德首先設想與圓內側相接（內接）的正六邊形，以及與該圓外側相接（外接）的正六邊形。然後，他注意到三者之間有「圓內接正六邊形的周長＜圓周＜圓外接正六邊形的周長」的關係。

與半徑 1 公尺之圓內接的正六邊形周長為何？

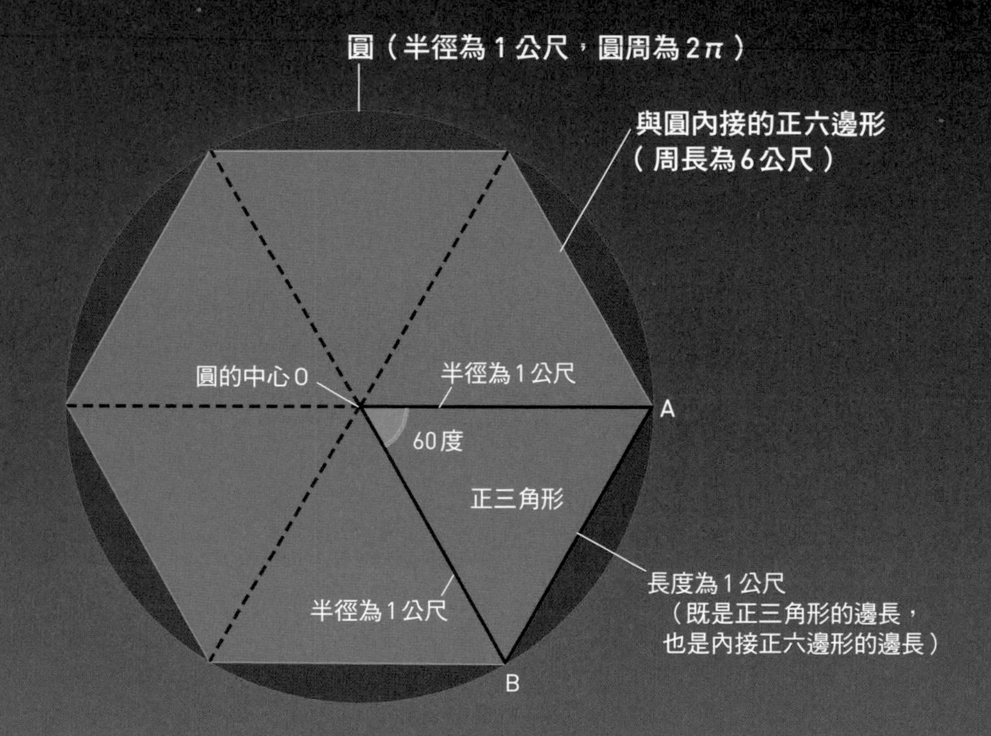

設想由半徑為 1 公尺之圓的中心 O，以及內接正六邊形的兩頂點 A、B 所構成的三角形 OAB。OA與OB是該圓的半徑，所以OA＝OB＝1 公尺。因為∠AOB是360度的 6 等分，所以角度為60度。由此可知，三角形 OAB 是邊長為 1 公尺的正三角形，AB＝1 公尺。又因 AB 也是內接正六邊形的邊長，所以內接正六邊形的周長為 6 公尺。

兩個正六邊形的周長能夠運用數學計算而得。如果圓的半徑為 1 公尺，則與圓內接的正六邊形周長為 6，圓周為 2π，與圓外接的正六邊形周長為 $4\sqrt{3}$。

由此可得出「$6<2\pi<4\sqrt{3}$」，也就是「$3<\pi<2\sqrt{3}$（＝3.4641……）」的結果。

與半徑1公尺之圓外接的正六邊形周長為何？

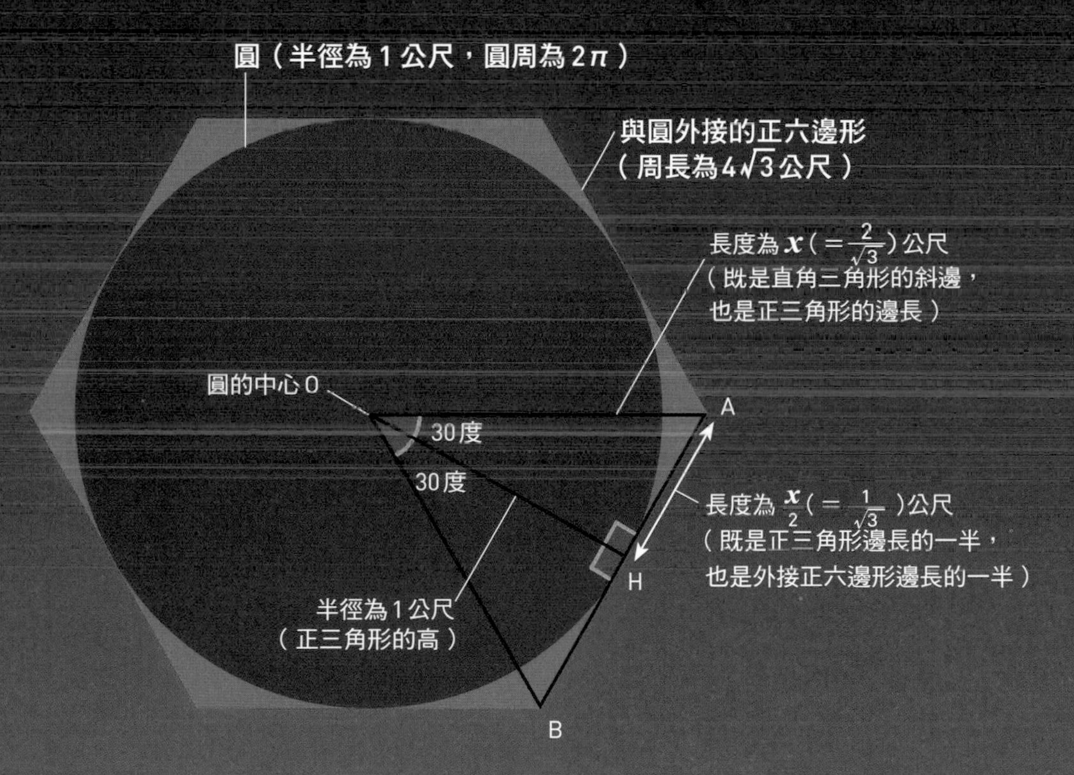

設想由半徑為 1 公尺之圓的中心 O，以及外接正六邊形的兩頂點 A、B 所構成的三角形 OAB。與左頁相同，OAB為正三角形，然而這次是高為 1 公尺（圓的半徑）的正三角形。將正三角形平分之後得到直角三角形OAH，設其斜邊 OA 的長度為 x 公尺，根據畢氏定理可知 $x^2=(\frac{x}{2})^2+1^2$。計算之後，可得出 $x=\frac{2}{\sqrt{3}}$ 公尺。由於 x ＝OA＝AB＝外接正六邊形的邊長，所以外接正六邊形的周長為 $\frac{2}{\sqrt{3}}$ 公尺的 6 倍，也就是 $4\sqrt{3}$ 公尺。

從圓之中發現 π 並挑戰至今

正多邊形法能將 π 值算到多精確？

原則上能夠無限延伸至更精準的位數

之後阿基米德更進一步增加與圓相接之正多邊形的邊數。最終運用了正96邊形，得出「$3\frac{10}{71}$（＝3.1408……）＜π＜$3\frac{10}{70}$（＝$3\frac{1}{7}$＝3.1428……）」的結果。藉此正確求出小數點後 2 位數的 π 值。

阿基米德的方法是運用不等號將 π 包夾在比 π 稍大及稍小的兩數之間，因此可以清楚得知正確值的位數。此外，如果逐漸增加正多邊形的邊數，原則上能夠無限延伸至結果更為精準的位數。

事實上，荷蘭數學家科伊倫（Ludolph van Ceulen，1540～1610）就運用正2^{62}邊形來計算，求得小數點後35位數的正確 π 值。2^{62}約為4.6×10^{18}，也就是4.6的10億倍再10億倍如此龐大的數字。

正多邊形與圓

阿基米德所使用的方法，其思維基礎是如果無限增加正多邊形的邊數，它就會愈加接近圓。也就是說，圓就是正∞（無限多）邊形。由此觀之，圓與「無限」的概念有著非常密切的關係。

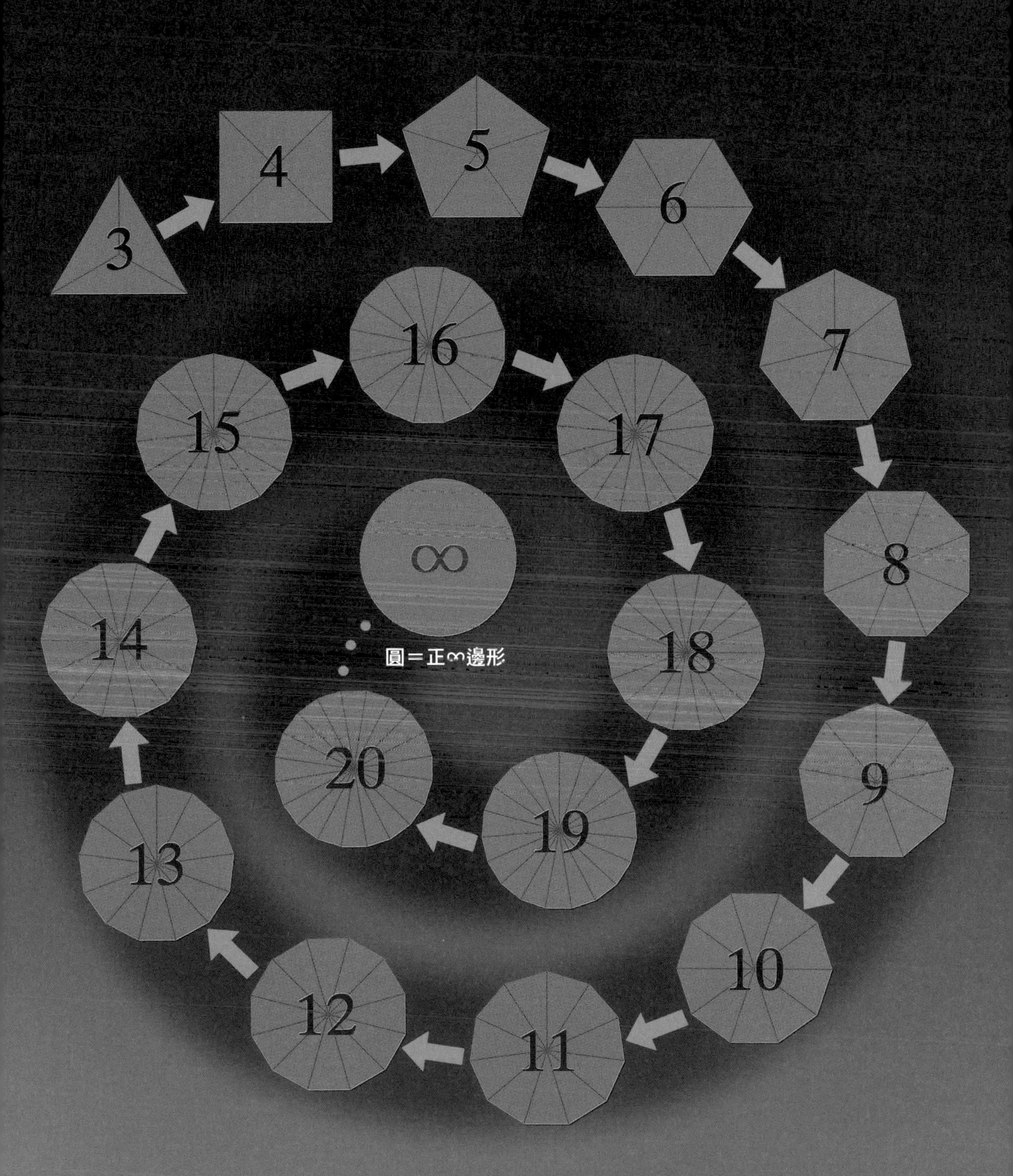

3
4
5
6
7
8
9
10
11
12
13
14
15
16
17
18
19
20
∞
圓＝正∞邊形

從圓之中發現 π 並挑戰至今

π 無法用分子分母均為整數的分數來表示

小數點後的數不會循環而是無限延續

繼阿基米德正確求出小數點後 2 位數的 π 值之後，在各個文明中也出現了計算 π 值的人物。

據信，西元 5 世紀，中國數學家暨曆學家祖沖之（429～500）算出 π 為「$\frac{355}{113}$（＝3.141592……）」。此外，一樣是西元 5 世紀前後，印度數學家暨天文學家阿耶波多（Aryabhata，476～？）算出 π 為「$\frac{62832}{20000}$（＝3.1416）」。

如同第2～7頁所述，現在人們已經知道 π 值是一個無理數，它在小數點之後會無窮無盡地延續下去（無限地延續），也不會重複出現特定的數字排列（不會循環）。

也就是說，無論怎麼正確計算，依舊無法用小數或是分子分母均為整數的分數來表示 π 值的全貌。

數的分類

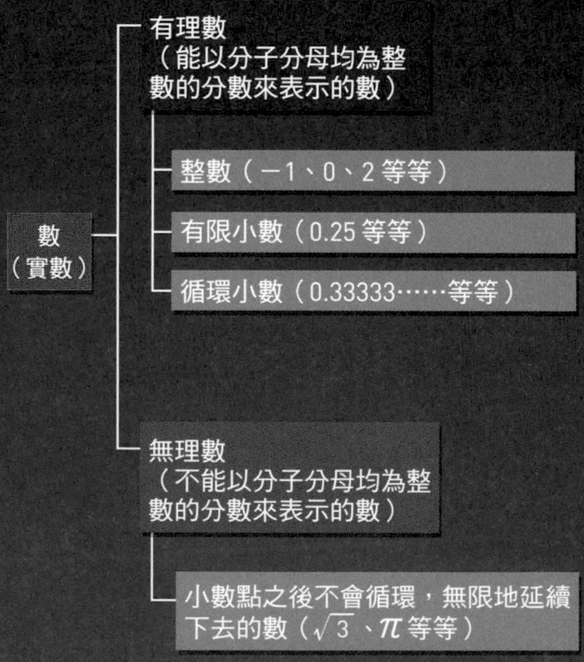

- 數（實數）
  - 有理數（能以分子分母均為整數的分數來表示的數）
    - 整數（－1、0、2 等等）
    - 有限小數（0.25 等等）
    - 循環小數（0.33333……等等）
  - 無理數（不能以分子分母均為整數的分數來表示的數）
    - 小數點之後不會循環，無限地延續下去的數（$\sqrt{3}$、π 等等）

3.14

註：本頁所示π值由日本筑波大學計算科學研究中心的
高橋大介教授提供。

從圓之中發現π並挑戰至今

江戶時代的天才數學家也算過π值

發展出獨特思維 算出近似值

日本江戶時代的天才數學家關孝和（約1640～1708）也是求得π近似值的其中一人。關孝和是一位創下眾多豐功偉業的人物，他確立了「傍書法」── 能夠解出超過 2 個未知數的「多元多次方程式」，還發現行列式（determinant）、白努利數（Bernoulli number）以及計算正多邊形等等。

關孝和習得《算俎》〔寬文 3 年（1663年）出版〕一書中村松茂清（約1608～1695）的方法，運用與圓內接的正131072邊形算到

關孝和〔約寬永17年（1640年）～寶永 5 年（1708年）〕。江戶時代的和算家（數學家）。
（圖像提供：日本一關市博物館）

3.14159265359。

關孝和更進一步思考，要如何用分數來算出 π 的近似值。由於圓周率為 3.14159265359……，因此是介於 3 與 4 之間的數。然後，先假設其數為 $\frac{3}{1}$。因為該數比 π 還要小，所以要在分母處加 1、在分子處加 4，如此就會變成 $\frac{7}{2}$。

此數為3.5，因為比 π 還要大，所以要在分母處加 1、在分子處加 3，如此就會變成 $\frac{10}{3}$。

如此這般地，比 π 小的話就在分母處加 1、在分子處加 4；比 π 大的話就在分母處加 1、在分子處加 3。持續這個過程，最後會得到 $\frac{355}{113}$ = 3.1415929……。

此外，這裡要加在分母處與分子處的數字用其他數字也可以，但是當分母處加 1 時，在分子處加 4 就會明顯地比之前的數值更大，在分子處加 3 則會更小。因此關孝和使用了 3 與 4 來接近 π 的值。由於這個方法在實際上難以接近真正的值（π），所以後繼的研究者轉而思考更有效率的方法。

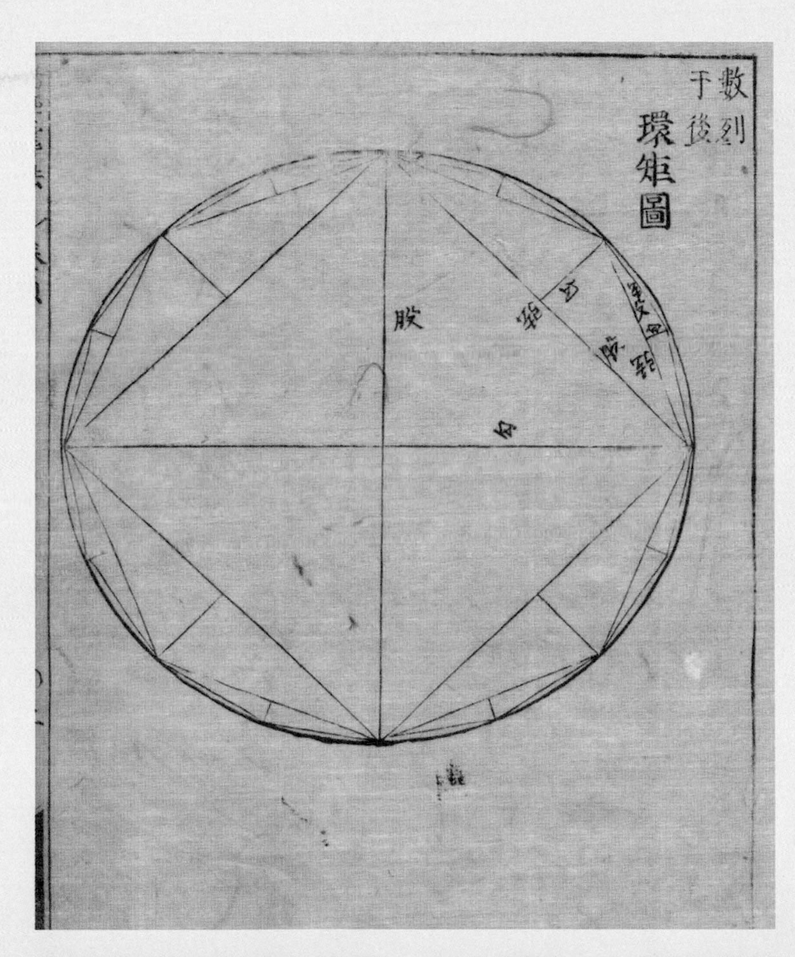

關孝和仿效村松茂清著作《算俎》一書來計算圓周率。上圖為關孝和出版的《括要算法》第四卷圓率中出現的「環矩圖」。（圖像提供：日本和算研究所）

從圓之中發現 π 並挑戰至今

印度數學家靈光一閃的 π 公式

公式以驚人速度收斂得出 π 的真確值！

拉馬努金（Srinivasa Aiyangar Ramanujan，1887～1920）是印度的數學家。從小就展現出非凡的數學才能，幾乎都是透過自學來學習數學，還會將自己發現的定理與公式記錄於筆記上。

書寫內容的其中一則便是計算圓周率 π 的公式。這個公式非常驚人，光是計算前 2 項，竟然就可以求到圓周率小數點後 8 位數，而且與真確的值

拉馬努金
（1887～1920）
讓拉馬努金走上數學家之路的，是一本只記滿了定理與公式的考試用數學公式書。據說，拉馬努金在見到這本書之後，便埋首於用自己雙手證明書中所記載的定理與公式。透過自學來學習數學的他留在筆記中的定理與公式，據說有 3 分之 2 都是全新的發現。等到全部內容皆獲證明，已是拉馬努金逝世67年之後了。

一致。而「萊布尼茲公式」（Leibniz formula）中知名的圓周率公式，即使計算到500項也只能求到與圓周率小數點後 3 位數一致的值。這當中的精確度差異，從文字敘述便能夠一目了然。

然而，拉馬努金在筆記中所記錄的定理與公式只有結果，完全沒有寫出任何相關證明。等到拉馬努金的圓周率公式獲致證明，已經是他出生100年後的1987年了。從此以後，圓周率在小數點後位數的計算上就有了飛躍性的發展。

拉馬努金的圓周率公式

$$\frac{1}{\pi} = \frac{2\sqrt{2}}{99^2} \sum_{n=0}^{\infty} \frac{(4n)!(1103+26390n)}{(4^n 99^n n!)^4}$$

萊布尼茲的圓周率公式

$$\frac{\pi}{4} = 1 - \frac{1}{3} + \frac{1}{5} - \frac{1}{7} + \cdots\cdots = \sum_{n=0}^{\infty} \frac{(-1)^n}{2n+1}$$

Column

Coffee Break

試著實際算出圓周率

我們在國小時會學到「圓周率π＝3.1415……」。或許有些人還有點印象，在數學課的學習活動中，曾經利用身邊的筒狀物來實際進行計算。右圖呈現的是求出圓周率的步驟。就讓我們再次動動手，來確認圓周率的值究竟是否真為3.1415……。

$$圓周率\pi = \frac{圓周長}{直徑} = \frac{A}{B} = 3.1415926\cdots\cdots$$

計算結果是否接近上述之值？透過這種簡易的方法測得的數值很容易產生誤差，難以算出準確的圓周率。誤差會因為操作的精密程度或判定長度的個人差異等而產生。如果能將誤差控制在大約3%（$\frac{A}{B}$＝3.05～3.23）以下，就稱得上是成功的實驗。

假如要求算出更準確的數值，可以使用相同的杯子，以及其他各種杯子來反覆進行相同的實驗以算出平均值。如此一來，應該能取得接近3.14的值。

1 準備一個玻璃杯（直徑不會改變的筒狀保溫杯最佳）和膠帶。

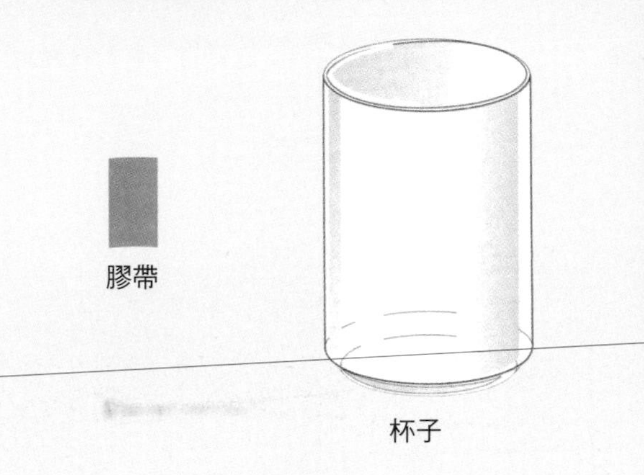

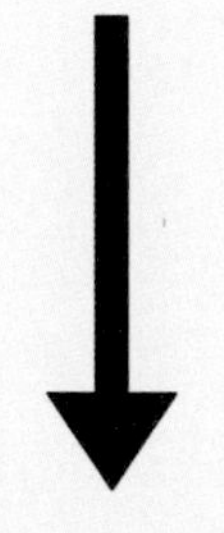

2 用馬克筆在膠帶畫上箭頭，貼於杯子內側。

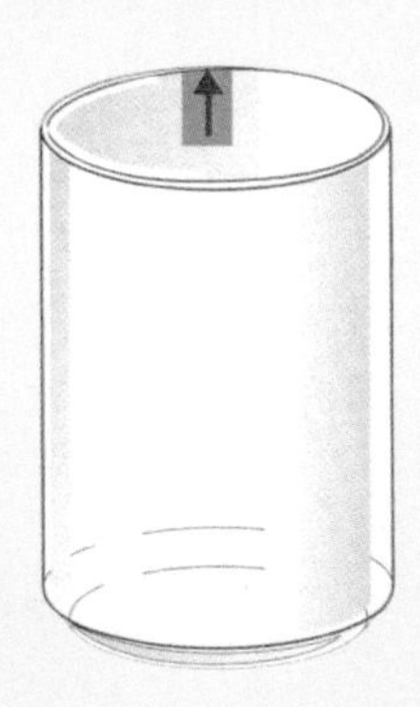

3 準備一把尺，將杯子橫倒放在箭頭對準刻度0的位置。

4 注意不要讓杯子滑歪偏離滾動路線，同時慢慢地將杯子滾轉1圈。此時要留意杯身壁面與尺緣是否滾動全程皆保持直角。

5 當箭頭再次指到尺上時，判定該位置的刻度（將該值設為A）。

6 測量杯口的直徑（即外徑，設為B）。

7 計算$\frac{A}{B}$的值。此值應會接近3.14。

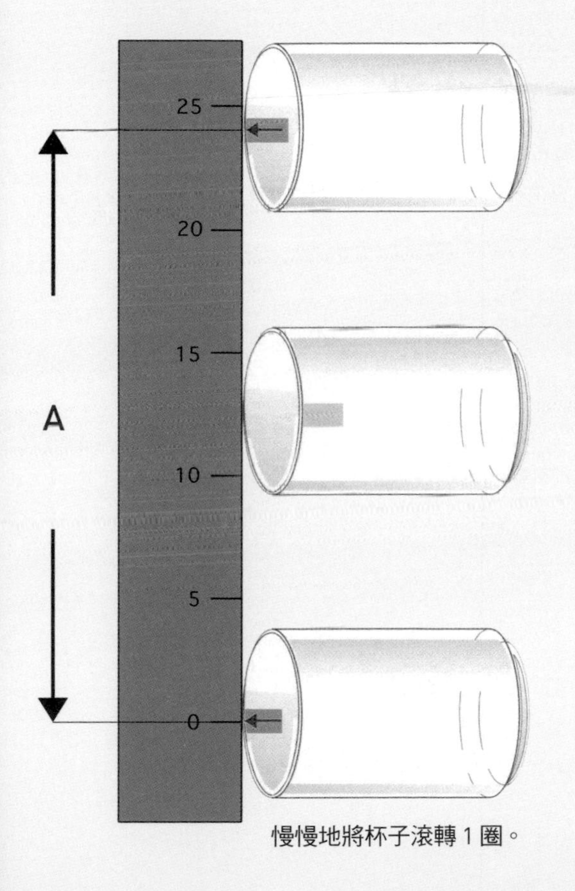

慢慢地將杯子滾轉1圈。

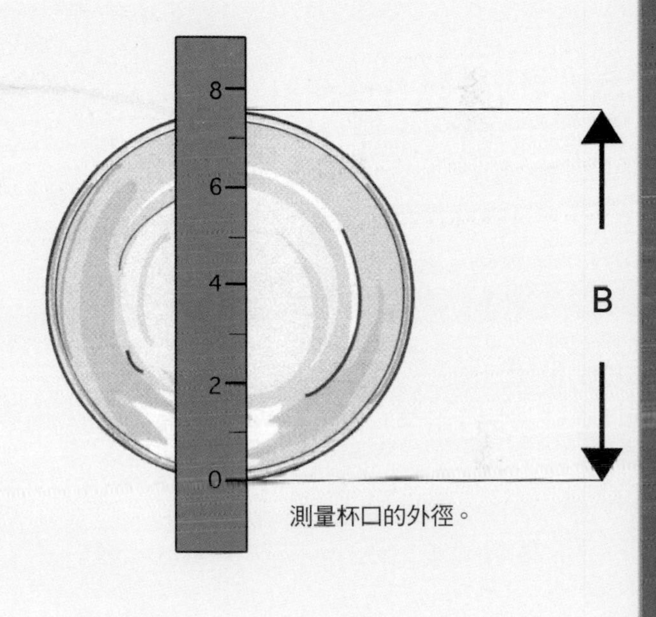

測量杯口的外徑。

半徑加長1公尺，圓周長會增加多少？

如果將地球（半徑約為6400公里，周長約為4萬公里）以及足球（半徑約為11公分，周長約為69公分）的半徑分別各加長1公尺，那麼圓周長各會伸長多少呢？

如果是周長約為4萬公里的地球，即使半徑只加長一點點，圓周長應該也會增加相當多才對……多數人會有這樣的認知，但實際上卻並非如此。

地球（半徑約為6400公里）

無論是地球還是足球，或是何種大小的圓，只要半徑加長1公尺，圓周長都是伸長大約6.28公尺。

假設原本圓的半徑為 r 公尺，則加長1公尺的半徑為（$r+1$）公尺。原本的圓周長為 $2\pi r$ 公尺，而半徑加長1公尺的圓周長為 $2\pi(r+1)$ 公尺。從而可以算出，圓周長增加的幅度為「$2\pi(r+1)-2\pi r=2\pi=$ 約6.28公尺」。由於此項計算不會受 r 值的影響，因此無論原本是何種大小的圓，結果都不會改變。

足球（半徑約為11公分）

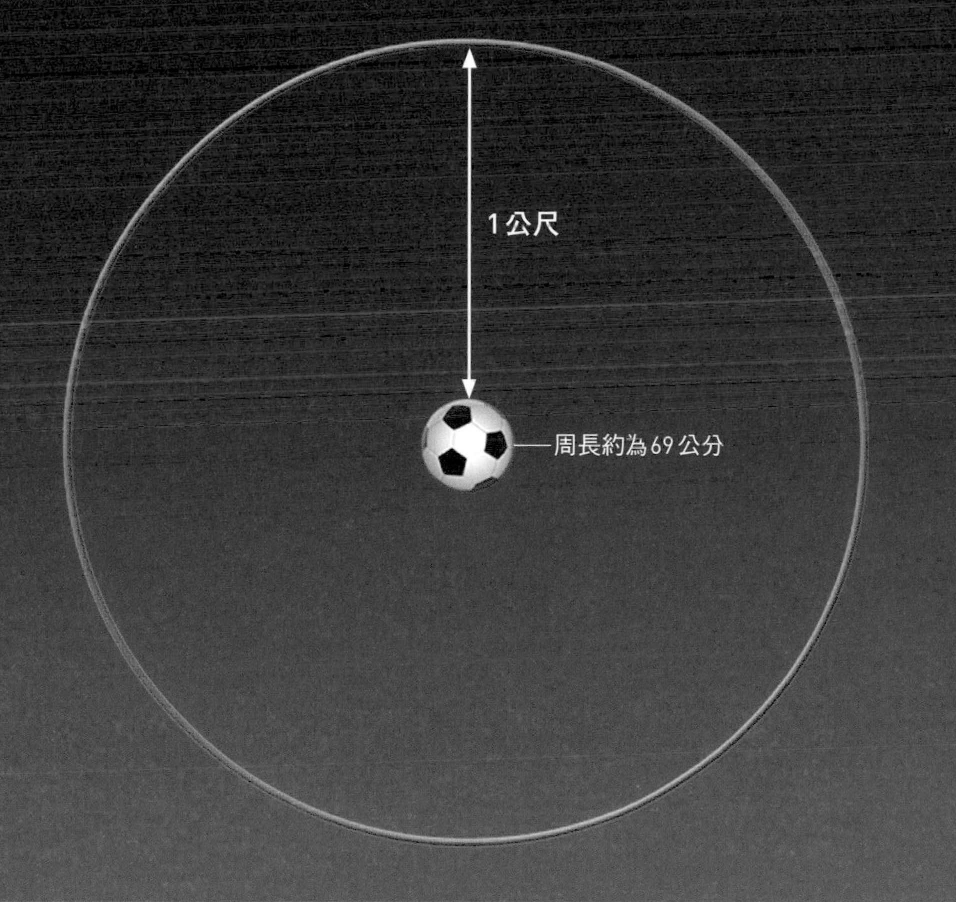

π 與圓面積及球體積的關係

細分圓以算得面積

切分蛋糕的方法最為知名

儘管圓周率π名之為「圓周」，但它不僅僅是一個只為了求出圓周而生的數。在求算圓面積、球表面積以及球體積時也需要這個數，π在數學中可視為首屈一指的重要常數。首先，我們就來看看運用π以算得圓面積的方法。

學校課堂上常見的算法，應該是使用像切蛋糕一樣切開圓的方法。將圓切分成多個扇形，再將這些扇形交互地上下翻轉，並依序排列，就會變成

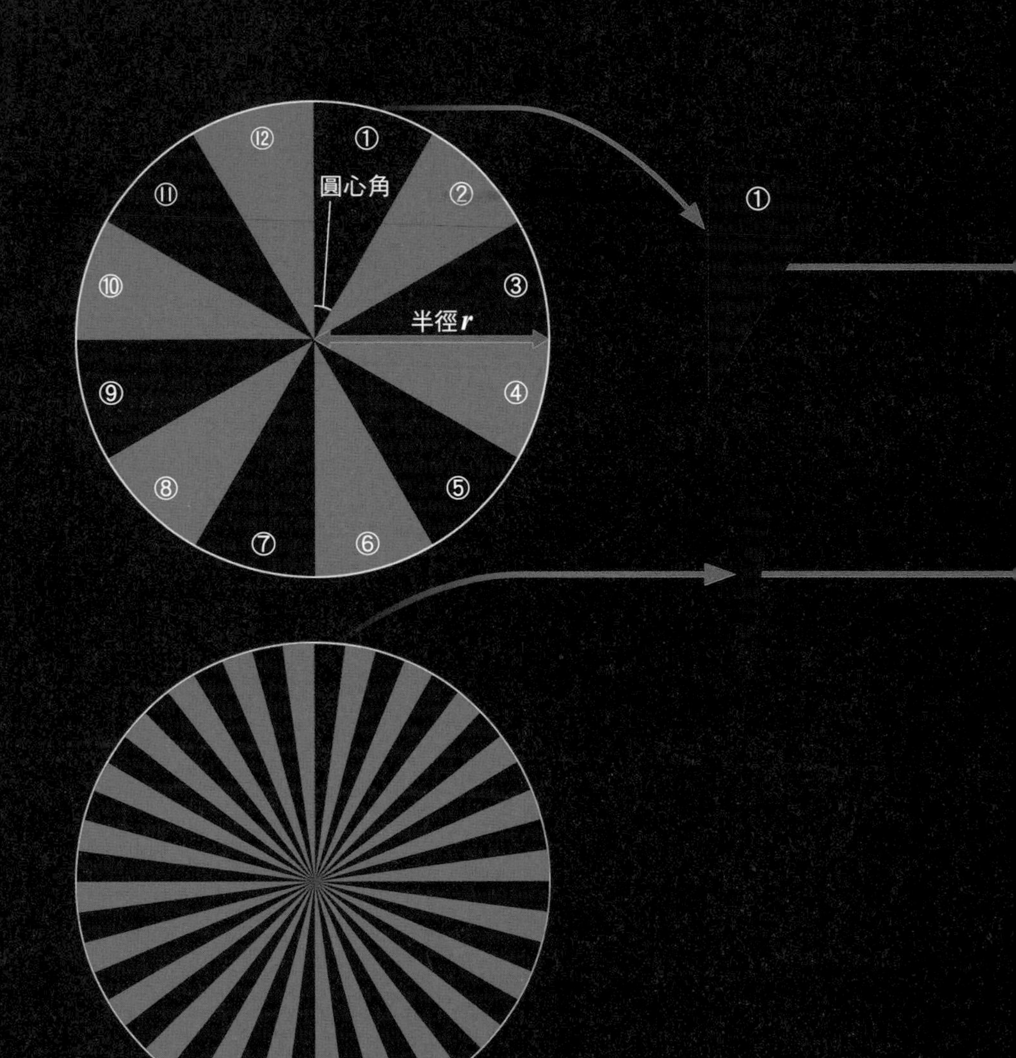

似如平行四邊形的形狀。

如果將切分開來的扇形再無限細分下去（將圓心角無限縮小），應該可以看出這個類似平行四邊形的形狀就愈接近長方形。該長方形的寬為「原本圓的半徑（r）」，長為「原本圓周長的一半（$2\pi r \div 2 = \pi r$）」。長方形的面積為「長（πr）×寬（r）」，即πr^2，也就是原本圓的面積。

2. 將扇形相連合併，呈現似如平行四邊形的形狀

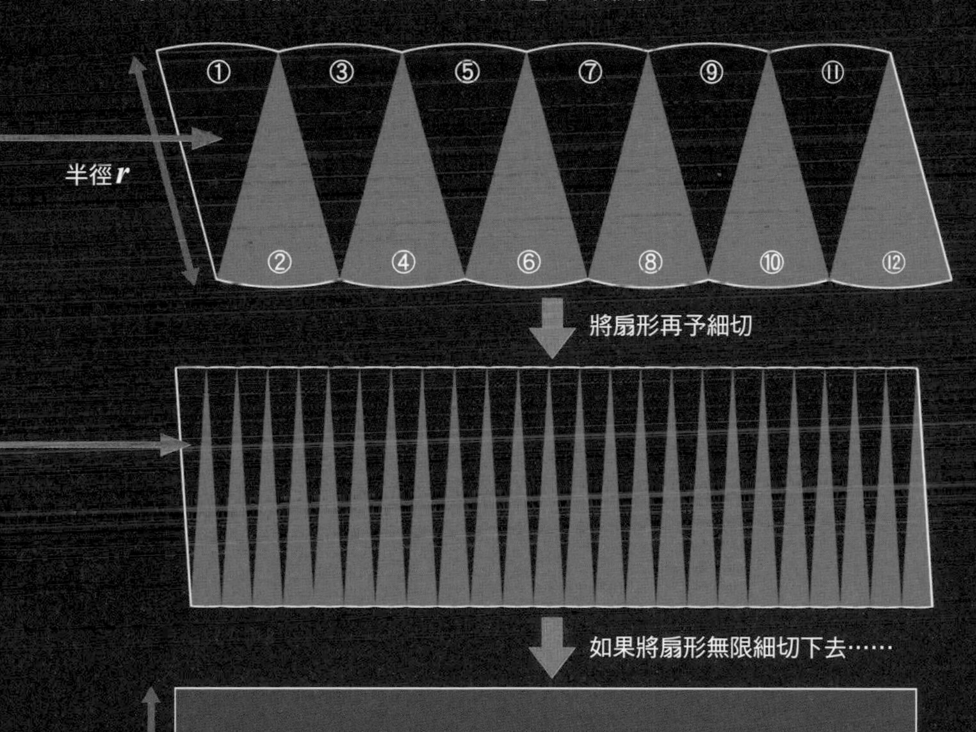

重要公式2

圓的面積＝πr^2

（r為圓的半徑）

年輪蛋糕也能求出圓的面積！

將圓「整形」為直角三角形來計算

在第38～39頁中，我們使用像是切蛋糕的方法來切分圓。可能有人會覺得將圓「整形」成長方形來計算似乎有些怪怪的，但如果用其他方法依舊能導出相同的結果，想必會更讓人信服。

那麼，這次就用像是從外側剝開年輪蛋糕那樣來試著切分圓。將切好的環狀蛋糕條拉直後，按照長度依序排好，就構成了階梯般的形狀。

1. 將圓切分成環狀條

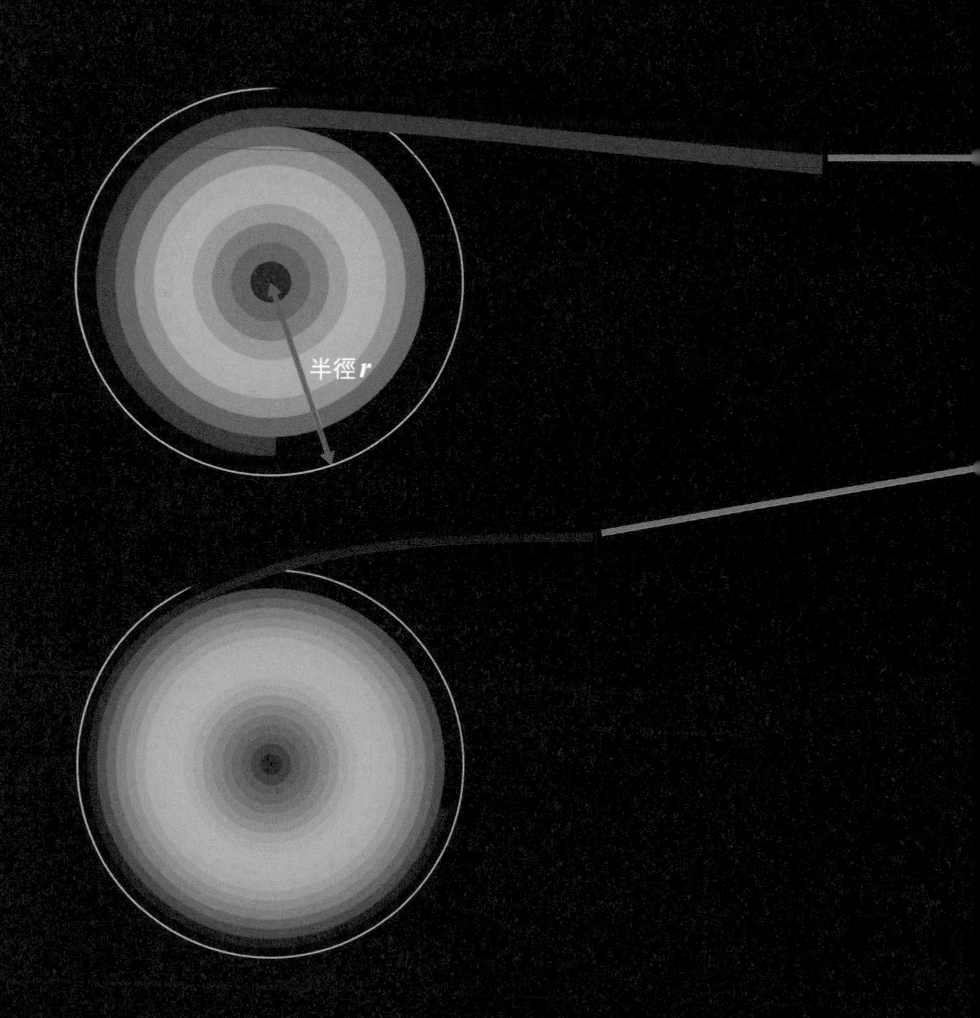

若切分開來的蛋糕條寬度無限縮小的話，應該可以看出這個階梯將「整形」成直角三角形。此時，底邊會與「原本圓的半徑（r）」一致，高則會與「原本圓的圓周（$2\pi r$）」一致。直角三角形的面積為「底邊（r）×高（$2\pi r$）÷2」，因此會是πr^2，即原本圓的面積。如此這般，果然與切分蛋糕方法導出的結果相同。

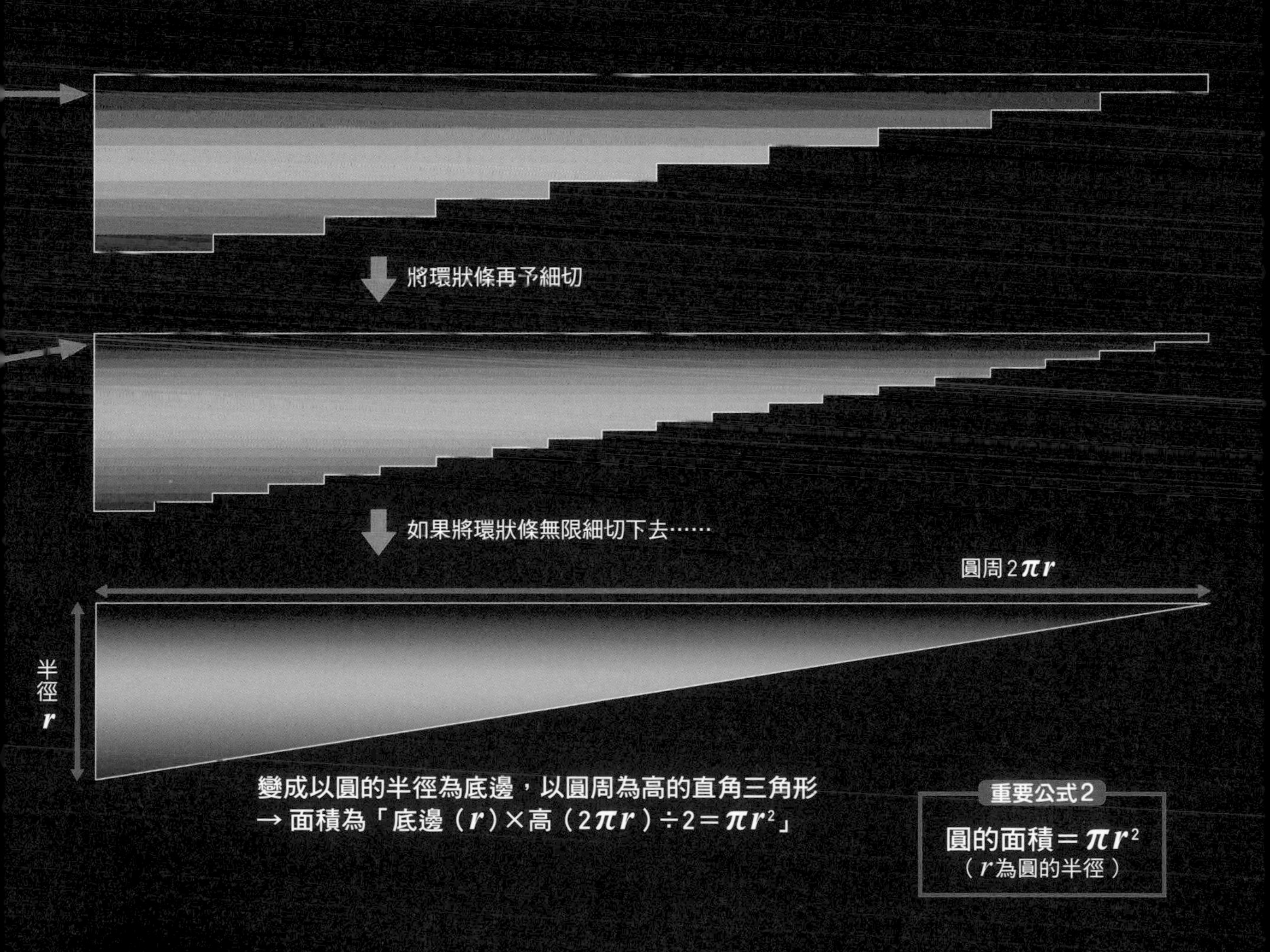

圓柱體／圓錐體／半球體之間的奇妙關係

「圓柱體的截面積＝圓錐體的截面積＋半球體的截面積」

接著就來看看，用圓周率π計算球體積的方法。

想要求出球的體積，首先必須思考「圓柱體」、「圓錐體」與「半球體」這三種立體構形之間的關係。設想一個圓柱體頂面與底面的半徑為r，高也為r。另一方面，再設想圓錐體以及半球體兩立體構形，其大小都是可以剛好放入該圓柱體內（請參照下方最左圖）。

圓柱體的截面積等於圓錐體截面積與半球體截面積相加的總和

高r

半徑r

設想有圓錐體與半球體，都能夠剛好放入頂底面半徑為r且高也為r的圓柱體中。如果自距頂面h之處切開三種立體構形，則「圓柱體的截面積〔πr^2〕＝圓錐體的截面積〔πh^2〕＋半球體的截面積〔$\pi(r^2-h^2)$〕」。

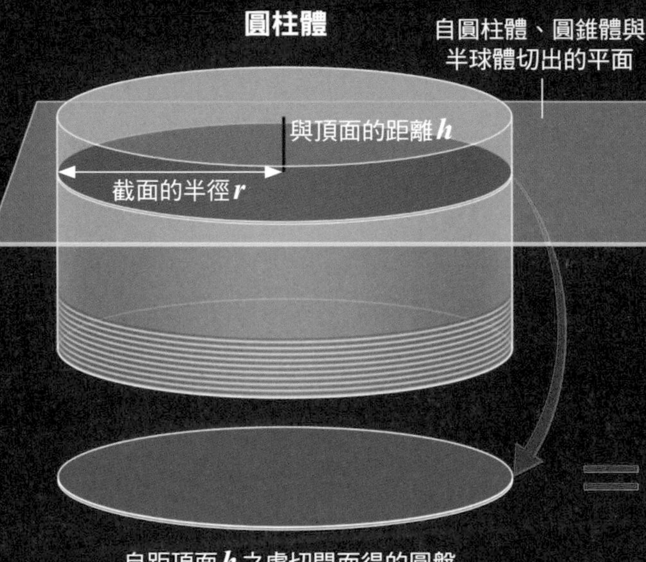

自距頂面h之處切開而得的圓盤

截面積為πr^2

圓柱體的截面積

無論自什麼高度切開，截面積都與底面積相等，皆為πr^2。

將這三種立體構形從距頂面 h 之處由水平方向切開，分別取出切為極薄的圓盤。然後奇妙的事情就發生了，從這三種立體構形中取出的圓盤面積，會呈現「圓柱體的截面積＝圓錐體的截面積＋半球體的截面積」這樣的關係。

請先記住從這三種立體構形中取出之圓盤面積間的關係。在第44～45頁將會根據這層關係來計算球的體積。

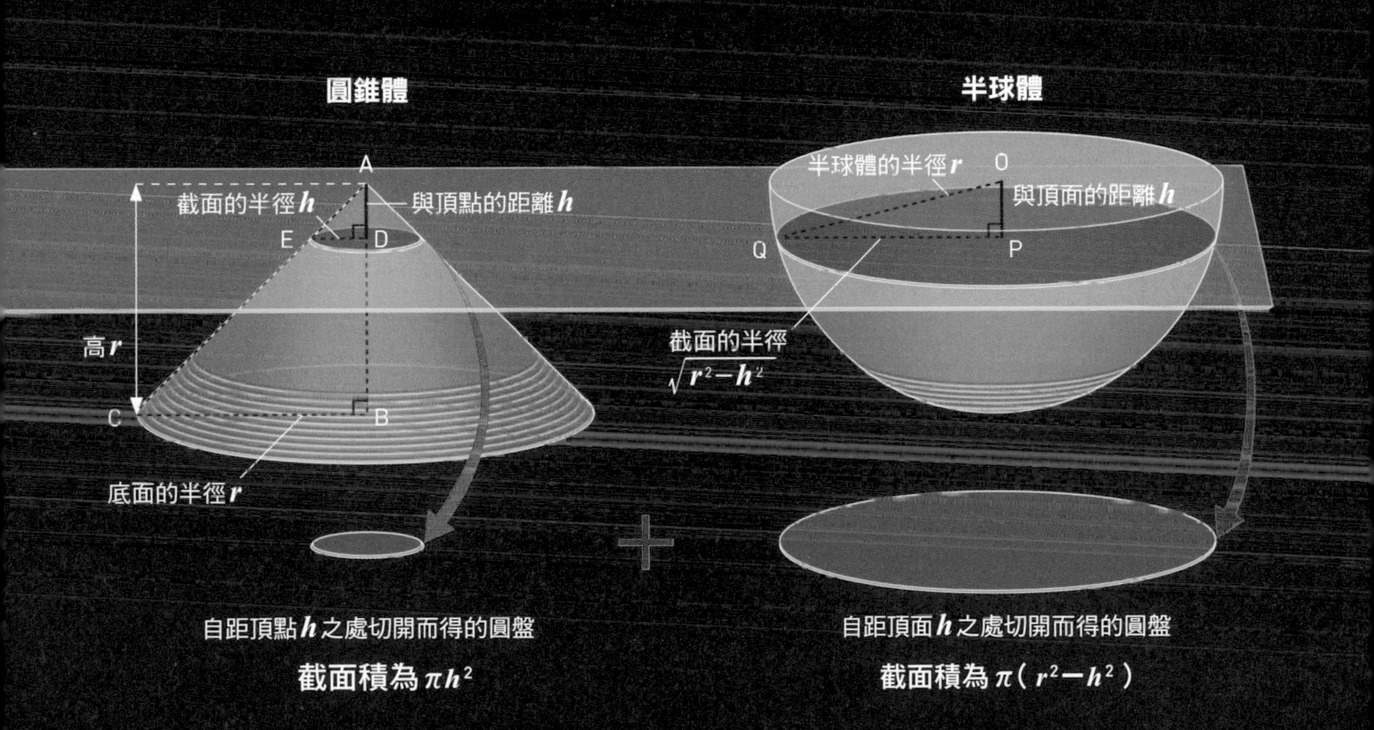

自距頂點 h 之處切開而得的圓盤

截面積為 πh^2

自距頂面 h 之處切開而得的圓盤

截面積為 $\pi(r^2-h^2)$

圓錐體的截面積

自距頂點 h 之處切開圓錐體。在△ABC中，由於AB與BC的長度均等於 r，因此會是一個等腰三角形。此外，△ABC與△ADE相似。也就是說，△ADE也是一個等腰三角形，而AD與DE的長度相等。因此，截面的半徑（DE的長度）會和與頂點的距離 h（AD的長度）相等。從而可以推得其截面積為 πh^2。

半球體的截面積

自距頂面 h 之處切開半球體。根據畢氏定理，在直角三角形△OPQ中，「$OQ^2=OP^2+PQ^2$」由於OQ＝r 且OP＝h，因此「$r^2=h^2-PQ^2$」。整理公式後得到 $PQ=\sqrt{r^2-h^2}$。從而可以推得截面積＝$\pi \times PQ^2=\pi(\sqrt{r^2-h^2})^2=\pi(r^2-h^2)$。

π 與圓面積及球體積的關係

如何計算球的體積？

「圓柱體的體積＝圓錐體的體積＋半球體的體積」

在第42～43頁中，我們從圓柱體、圓錐體以及半球體之中分別取出切開而得的極薄圓盤。當然，這些薄圓盤也有體積。

圓盤的體積可以用「截面積×圓盤的厚度」來計算※1。由於從這三種立體構形中取出的圓盤厚度相同，因此可以把「圓柱體的截面積＝圓錐體的截面積＋半球體的截面積」這樣的關係改寫為「圓柱體的薄圓盤體積＝圓錐體的薄圓盤體積＋半球體的薄圓盤

圓柱體的體積也會等於圓錐體體積與半球體體積相加的總和

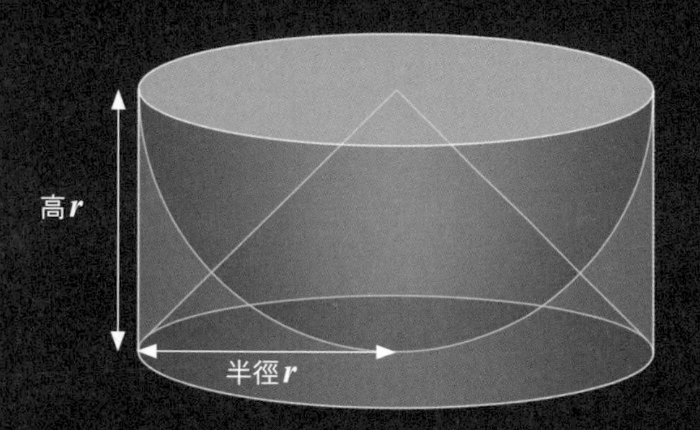

設想有圓錐體與半球體，都能夠剛好放入頂底面半徑為 r 且高也為 r 的圓柱體中。根據「圓柱體的體積（πr^3）＝圓錐體的體積（$\frac{1}{3}\pi r^3$）＋半球體的體積」的關係，可以得出「半球體的體積＝$\frac{2}{3}\pi r^3$」。半球體的體積乘以 2 即為「球的體積＝$\frac{4}{3}\pi r^3$」。

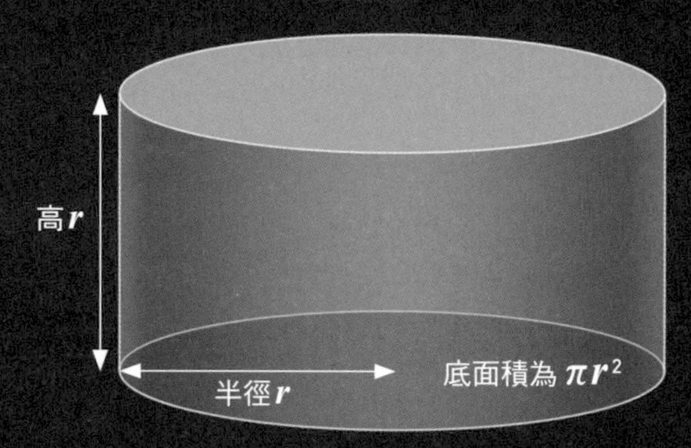

圓柱體的體積＝底面積 × 高

$$= \pi r^2 \times r$$

$$= \pi r^3$$

體積」。此外，這三個立體所構形的體積即為無數個薄圓盤相加之後所得的總和※2。由此可知，「圓柱體的體積＝圓錐體的體積＋半球體的體積」關係成立。

圓柱體的體積為「底面積（πr^2）×高（r）＝πr^3」，圓錐體的體積為「底面積（πr^2）×高（r）× $\frac{1}{3}$ ＝ $\frac{1}{3}\pi r^3$」。由於「半球體的體積＝圓柱體的體積－圓錐體的體積」，因此「半球體的體積＝$\pi r^3 - \frac{1}{3}\pi r^3 = \frac{2}{3}\pi r^3$」。將半球體的體積乘以 2 是 $\frac{4}{3}\pi r^3$，即為球的體積。

※1：有關圓錐體與半球體的情況，由於圓盤的邊緣（側面）是傾斜狀態，所以準確地說，由此公式算得的數值與真實體積並不一致。然而，若以圓盤厚度為無限薄（無限小）來思考的話，則邊緣的傾斜可以忽略。

※2：此即數學「積分」（integral）的概念。

圓錐體

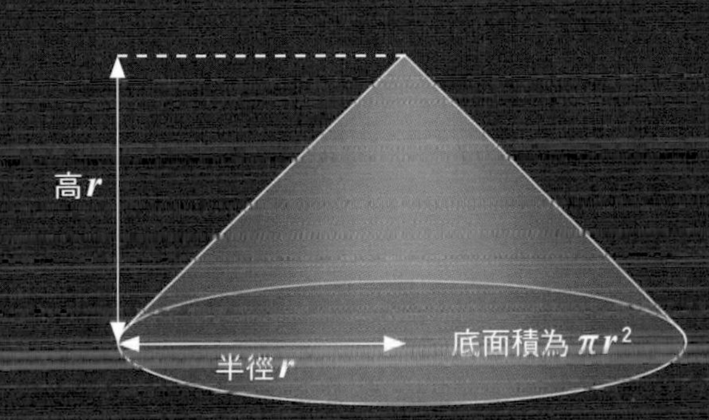

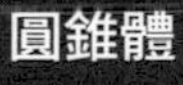

半球體

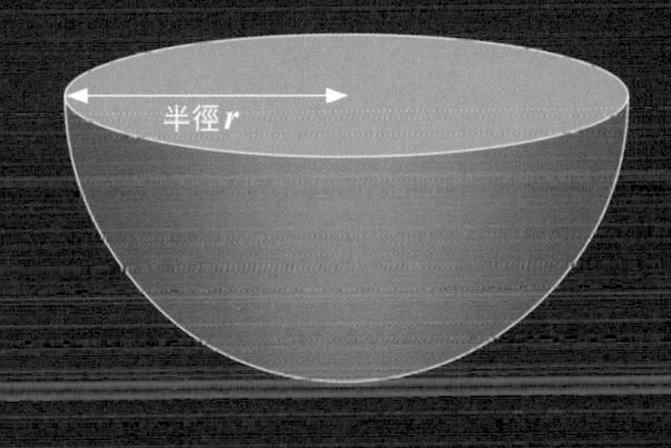

＋

$$\text{圓錐體的體積}=\text{底面積}\times\text{高}\times\frac{1}{3}=\pi r^2\times r\times\frac{1}{3}=\frac{1}{3}\pi r^3$$

$$\text{半球體的體積}=\text{圓柱體的體積}-\text{圓錐體的體積}=\pi r^3-\frac{1}{3}\pi r^3=\frac{2}{3}\pi r^3$$

$$\text{球的體積}=\text{半球體的體積}\times 2=\frac{2}{3}\pi r^3\times 2=\frac{4}{3}\pi r^3$$

重要公式3

球的體積＝$\frac{4}{3}\pi r^3$

（r為圓的半徑）

Column

Coffee Break

錐體體積公式為何是乘以「$\frac{1}{3}$」？

圓錐體與三角錐體、四角錐體等錐體的體積，可以用「底面積×高×$\frac{1}{3}$」這個公式來計算。該公式中的$\frac{1}{3}$究竟代表什麼意思呢？

我們用骰子形狀的正立方體來思考。如果用線連接正立方體的各個頂點，可以切出六個形狀相同的四角錐體。故單一個四角錐體的體積是正立方體的$\frac{1}{6}$。

接下來，我們試著比較單一個四角錐體和與之等高的長方體。此長方體

1. 四角錐體的體積為等高長方體的 $\frac{1}{3}$

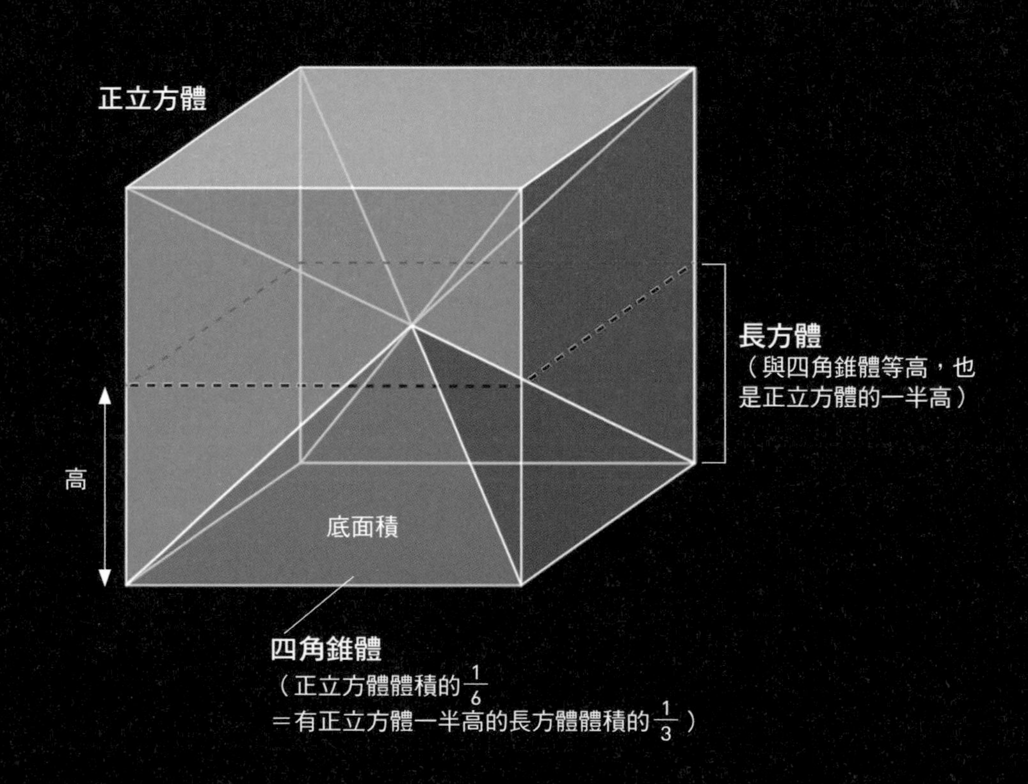

的高是正立方體的一半，所以體積也是一半，由此可知四角錐體的體積是長方體的$\frac{1}{3}$。因此，四角錐體的體積可以用長方體的體積（底面積×高）乘以$\frac{1}{3}$計算而得。

再來，我們設想與該四角錐體有相同底面積與高的圓錐體，情況又會是如何。若用同樣的高度切開四角錐體與圓錐體的話，兩者的截面積總是會相等。如果在任意高度切開都會得到相同的截面積，則整體體積也會相等，因此圓錐體的體積為「底面積×高×$\frac{1}{3}$」。這個關係套用在任何底面形狀的錐體都會成立，所以錐體的體積可以用「底面積×高×$\frac{1}{3}$」的公式計算而得。

2. 底面積與高均相同的錐體，截面積與體積也相等

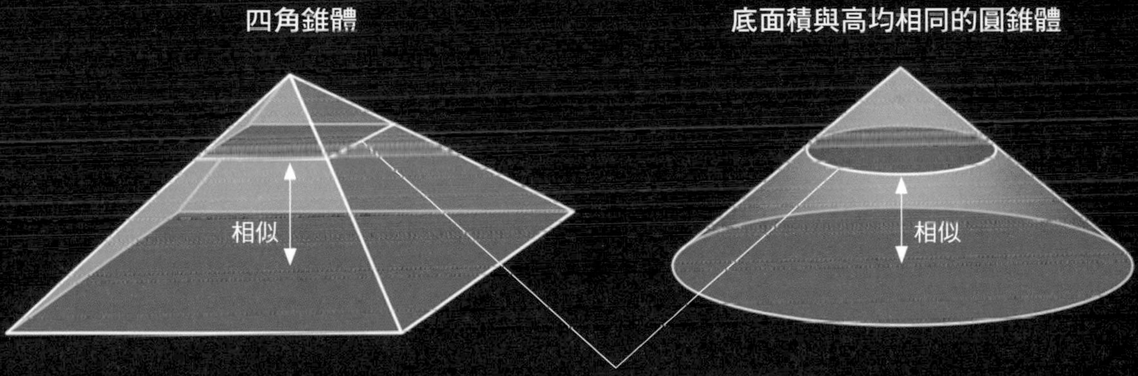

等高時截面積相等

各個錐體本身的底面與截面總是相似。由此可推知，有相同底面積與高的錐體，在等高處的截面積會相等。此外，這些錐體的體積也都會相等。

π與球面的奧祕

如何計算球的表面積？

將球的部分表面當作錐體底面來思考

接著我們要來看看，運用圓周率 π 算出球表面積的方法。

首先，在已經知道球之體積可以用「$\frac{4}{3}\pi r^3$」求出的情況下，設想有極為細長的錐體，以球的中心為頂點，以球的部分表面為底面。按公式，錐體的體積為「底面積×高×$\frac{1}{3}$」。由於將此錐體底面視為平面，高則與球的半徑 r 一致，因此這個錐體的體積為「底面積×r×$\frac{1}{3}$」。

可以把球想像成是由無數個前述錐體集合而成的立體構形。也就是說，球的體積會是這些錐體體積的總和。如果錐體的底面積總和與球的表面積一致，且所有錐體的高均與球的半徑 r 相等，則球的體積為「球的表面積×r×$\frac{1}{3}$」。由此可以得知「球的表面積×r×$\frac{1}{3}$＝$\frac{4}{3}\pi r^3$」，將公式整理後可導出「球的表面積＝$4\pi r^2$」。

球是「無數個極細長錐體的集合」

設想有極為細長的錐體，以球的中心為頂點，以部分球面為底面。如此一來，就可以把球想成是由無數個前述細長錐體集合而成的立體構形。

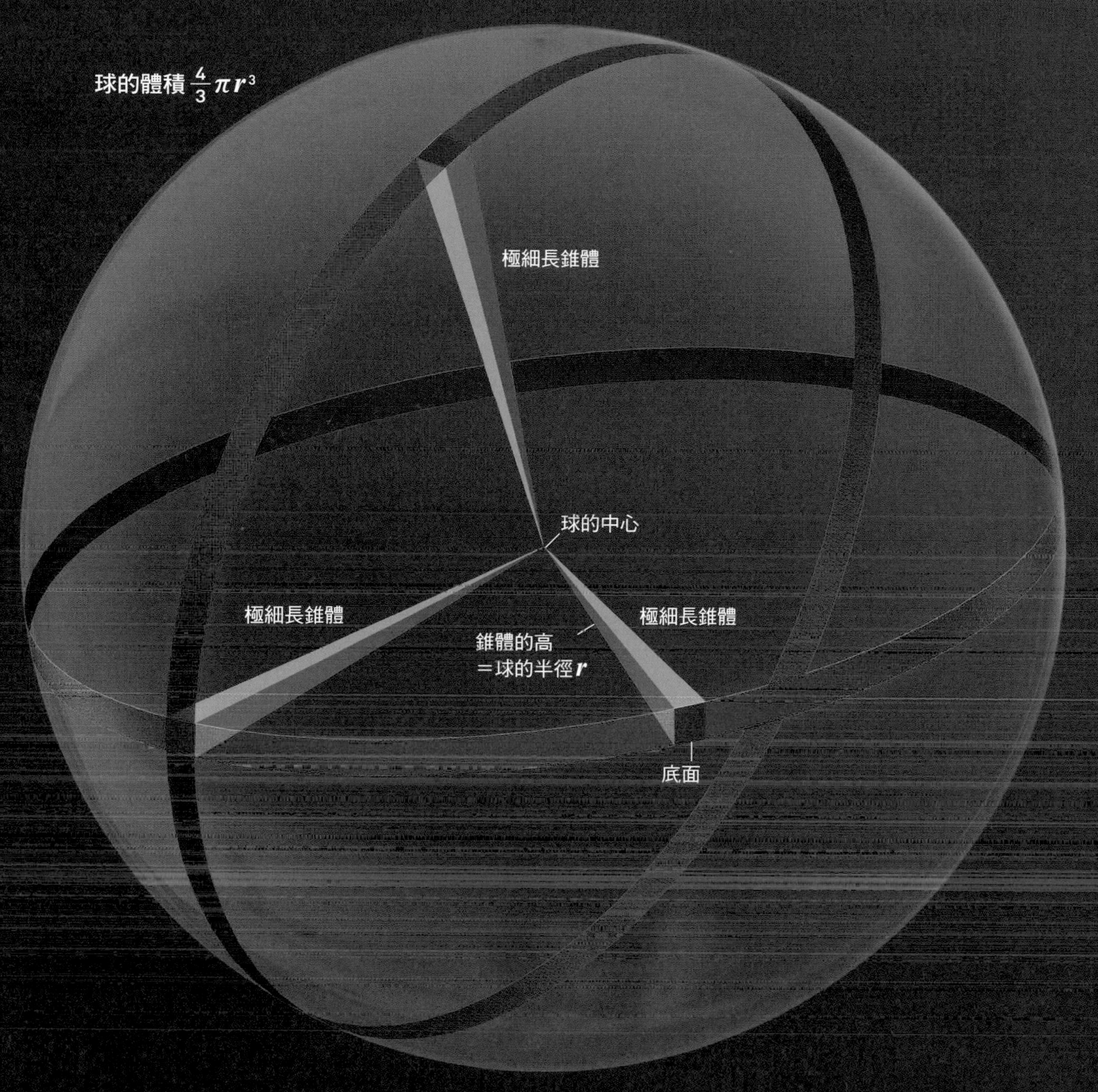

極細長錐體的體積＝底面積×錐體的高（球的半徑）×$\frac{1}{3}$

球的體積＝無數極細長錐體體積的總和

＝錐體底面積的總和（球的表面積）×錐體的高（球的半徑）×$\frac{1}{3}$

$\frac{4}{3}\pi r^3$ ＝球的表面積 ×r×$\frac{1}{3}$

球的表面積＝$\frac{4}{3}\pi r^3 \div r \times 3 = 4\pi r^2$

重要公式4

球的表面積＝ $4\pi r^2$

（r為圓的半徑）

π與球面的奧祕

球表面積與圓柱體側面積的奇妙關係

「球的表面積＝圓柱體的側面積」

本單元要介紹的是，運用球與圓柱體之間的奇妙關係以獲取球表面積的方法。

設想一個球以及能夠剛好放入這個球的圓柱體。如果從某處位置將這兩個立體構形切出窄環，那麼球與圓柱體均會被切出一圈條狀環帶。

如果切開的位置偏離球的中心，則與圓柱體的環帶相比，球的環帶半徑與周長均會比較短。此外，由於球的環帶呈傾斜狀態，因此相較於圓柱體

球的表面積與圓柱體的側面積相等

圓柱體

設想一個球以及能夠剛好放入這個球的圓柱體。如果將這兩個立體構形切出窄環，則無論從什麼位置切開，球環帶與圓柱體環帶的面積均會相等。

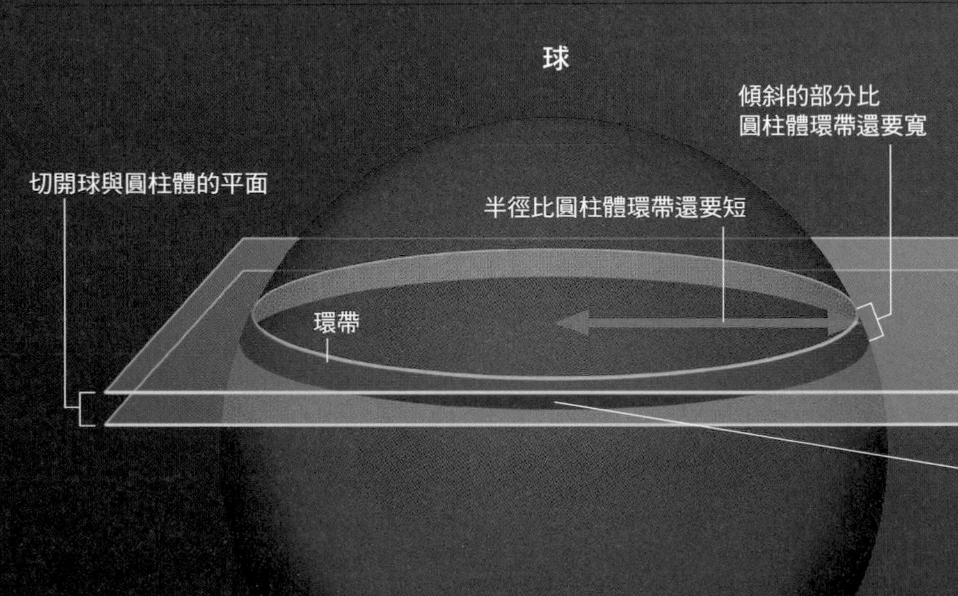

的環帶，其寬幅會比較大。事實上，球的環帶在半徑與周長較短的部分會由寬幅較大的部分來補足，所以無論從什麼位置切開，球與圓柱體兩環帶的面積均會相等。

因此，無數窄環帶集合而成的球表面積，會與圓柱體的側面積相等。圓柱體的側面積為「圓周（$2\pi r$）×高（$2r$）$=4\pi r^2$」。由此可知，球的表面積也會是$4\pi r^2$。

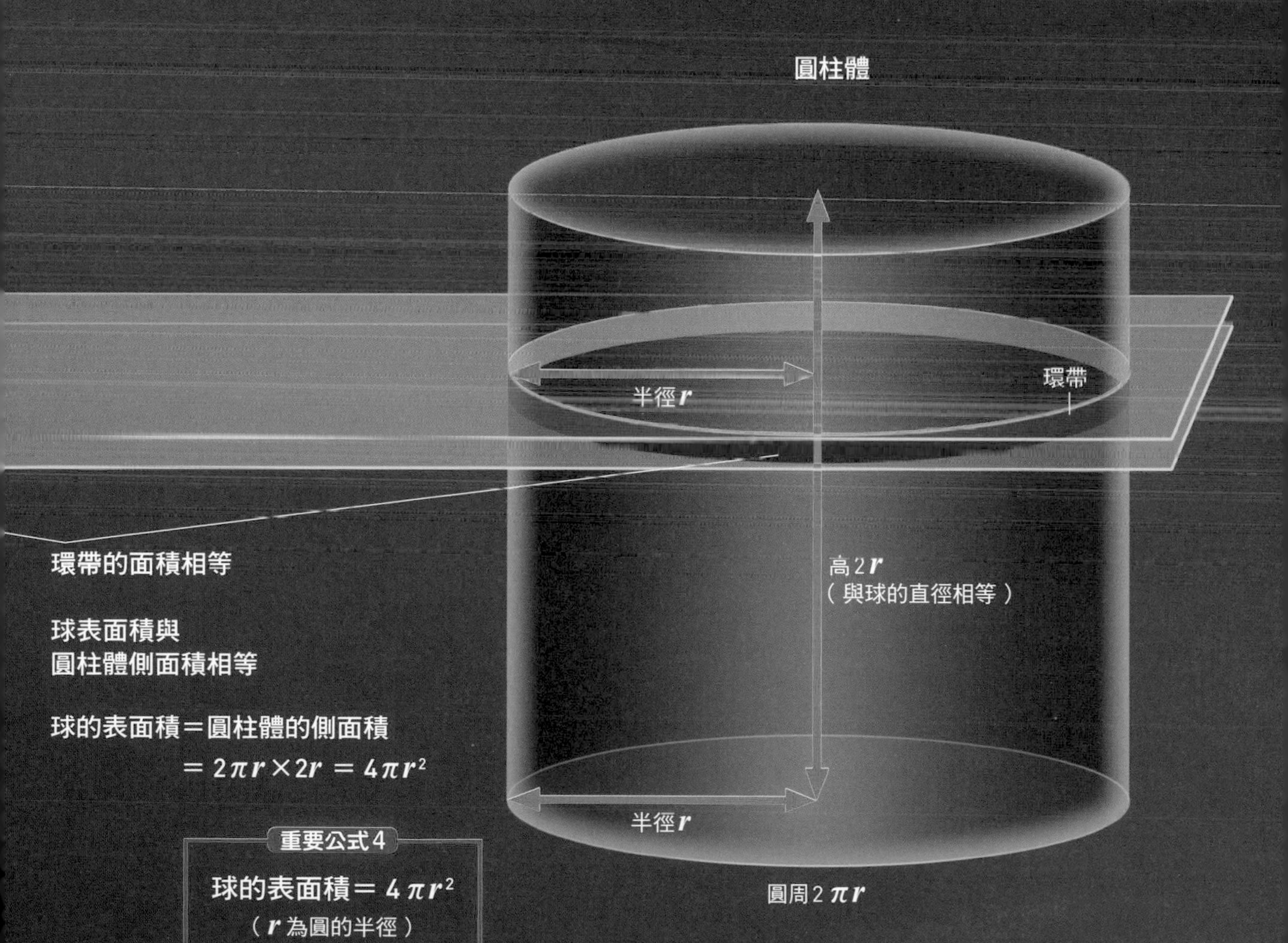

球的表面積＝圓柱體的側面積

$= 2\pi r \times 2r = 4\pi r^2$

重要公式4

球的表面積＝$4\pi r^2$

（r 為圓的半徑）

π 與球面的奧祕

球面上的三角形內角和不是180度？

平面上的圖形常理在球面上不成立

接下來要介紹的是球面上的神奇幾何學。

要前往遙遠的國外都市時，最短的路線會是什麼樣子呢？平面上，2 點之間最短的路線就是直線（線段）。然而，即使在平面的地圖（麥卡托投影法，Mercator projection）上用直線將 2 個都市連結起來，也不是最短的路線。事實上，球面上的最短路線是「大圓」（great circle）的弧（左圖）。所謂的大圓，是指在切過球中心的情況下切口邊緣所出現的圓。以

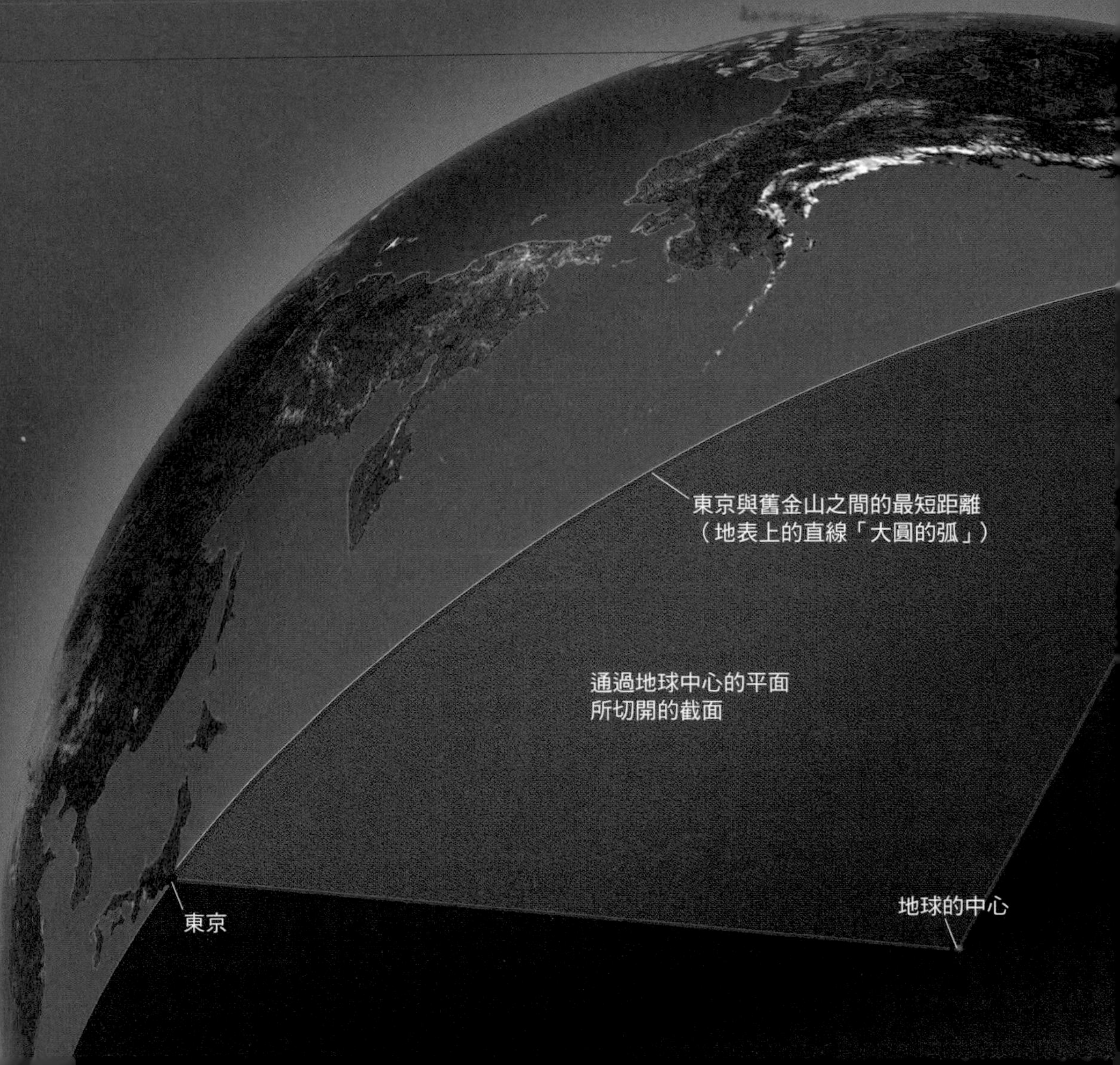

東京與舊金山之間的最短距離
（地表上的直線「大圓的弧」）

通過地球中心的平面
所切開的截面

東京

地球的中心

地球而言，經線（meridian）都是大圓，而緯線（circle of latitude）則是除了赤道以外均不是大圓。

有人可能會覺得：「直線不就是由貫穿球體的 2 點相連而成嗎？」但那是「3 維空間中的直線」，而非「球面上的直線」。

這次來試著在球面上畫個三角形。此時可見，3 邊都不是直線（大圓的弧）。假設我們從北極點循著地表直線往南前進，抵達赤道後也直線往東移動，然後再改往北走，直線回到北極點。將這個移動路線連結起來，就能做出一個連結北極點與赤道的巨大三角形（右圖的粉色三角形）。然而，由於赤道與經線各都90度相交，如果再算上兩條經線之間的角度，這個球面上的三角形內角和就會超過180度了。平面上無論何種三角形，其內角和都會是剛好180度，但是這個常理在球面上卻不適用了。

球面上三角形的內角和不是180度

赤道與經線是大圓，所以是球面上的直線。因為經線與赤道垂直相交，故上圖中三角形的內角和為（180＋x）度，超過了平面上三角形180度的內角和。一般來說，在球面上的情況為「180度＜三角形的內角和＜540度」。

π與球面的奧祕

圓周率π值為「2」的世界存在嗎？

球面上的圓周率會比「3.14……」更小！

球面上的奇特性質還有很多，乍聽之下會讓人感到不可思議。

平面上無論延伸多遠都不會相交的直線相互關係稱為「平行」。且思考看看，這種情況如果出現在球面上又會是什麼樣子。由於地球（球面）上的2條經線（大圓）均與赤道垂直相交，因此或許可以視其為平行的2條直線。然而，它們又在北極點與南極點相交，所以不是平行的2條直線（左圖）。此外，由於2條緯線並不交會，看起來像是平行的2條直線，

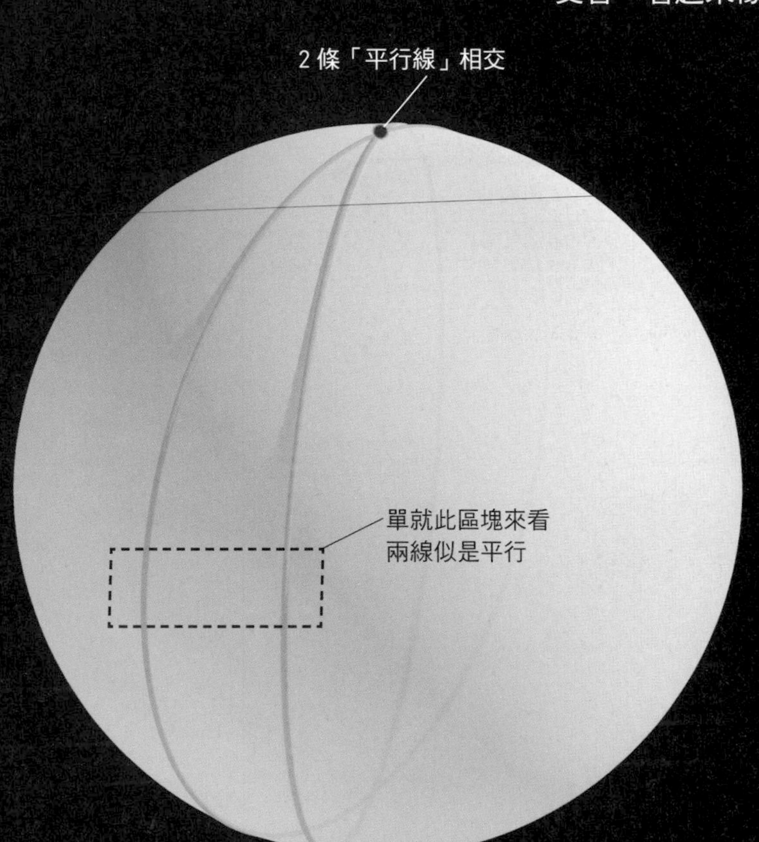

球面上不存在真正的平行線

在接近赤道的區塊，地球的經線乍看下是平行的。然而，所有經線都在北極點與南極點交會。就像這樣，在球面上乍看是平行的2條線（上圖）實際上並非平行。只要地球還是一個球體，則將原本認為是平行的線予以延伸，結果終會相交。

但是因為緯線原本就不是球面上的直線（大圓的弧），所以不能說是平行的 2 條直線。

而最令人驚訝的是，至今為止視為當然的「圓周率＝3.14……」這個值，在球面上竟然不適用。

圓是「與中心有固定距離之點的集合」，此定義同樣適用於球面上。如果將北極點（或南極點）視為中心，那麼地球的赤道可以說是「球面上的圓」（右圖）。

假設地球的半徑為 r，則赤道的全長（圓周）為「$2\pi r$」。另一方面，赤道乃球面上的圓，其半徑是從北極點到赤道的球面上直線距離（沿著經線測量的距離）。因為球面上圓的直徑為其 2 倍，因此是「πr」（大圓$2\pi r$ 的一半）。故圓周率（圓周÷直徑）為 2（＝$2\pi r$÷πr）。球面上的圓周率與平面上的圓周率 π（＝3.14……）不一致，π 值竟然變得更小了。

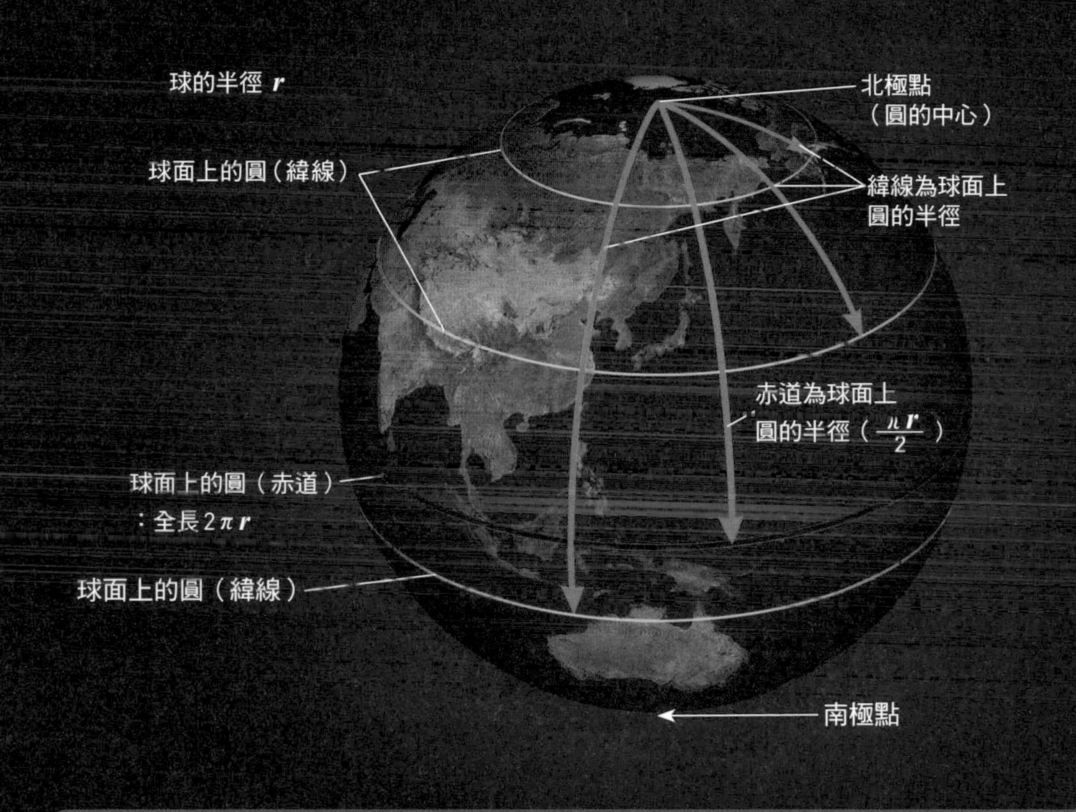

球面上的圓周率比 π 更小

設想以北極點為中心的「球面上的圓」。假設球的半徑為 r，則赤道的一周（圓周）為「$2\pi r$」。赤道作爲球面上的圓，其直徑沿著經線測量而得，是為「πr」。因此，圓周率（圓周÷直徑）為 2 。如果以北極點為中心將南半球的緯線視為球面上的圓，則圓周率會比 2 還要小。而到南極點的時候，圓周率就為 0 了（圓在南極點會縮成 1 點）。

Column

Coffee Break

平面的地圖無法正確表現出地球的全貌

要繪製世界地圖有各式各樣的方法，而根據繪製方法的不同，國家的形狀以及面積等等也會出現細微的差異。想做出正確的世界地圖，直覺上只要把地球表面以原本的樣貌貼在平面上就行了。但其實不然，只要地球還是一個球體，即使試圖要切取球面再拼貼於平坦的表面上，必還是會浮起來（下圖）。因此，要在正

確保持球面上圖形原狀的前提下製作平面地圖，是不可能的。

製作平面地圖時，必須根據各種目的去思考，該如何正確表現出距離、面積、方位以及角度。從而細膩地調整比例尺等，再設法貼在平面上。地圖繪製方法的差異，就在於這些調整方法也有所不同。在各種繪製方法中，「麥卡托投影法」是以角度，「莫爾威投影法」（Mollweide projection）是以面積，「等距方位投影法」（azimuthal equidistant projection）則是以與中心的距離及方位，分別為正確表現的考量重點。除此之外還有許多繪製方法，像是儘管距離、面積、方位以及角度都不正確，但變形程度反而大為減小的地圖等等。

麥卡托投影法

常見的「麥卡托投影法」地圖，強制修正地球的變形

要用麥卡托投影法來製作地圖的話，首先將地球的表面細細分割成許多格子狀（1），切出又小又平的長方形（2）。接著，將長方形的比例尺調整為寬度一致（3）。之後，將調整過大小的長方形鋪滿平面，地圖就完成了（4）。

由麥卡托投影法製成的地圖雖然角度正確，但離赤道越遠放大率就越高，所以北極與南極附近的形狀會出現大幅變形。

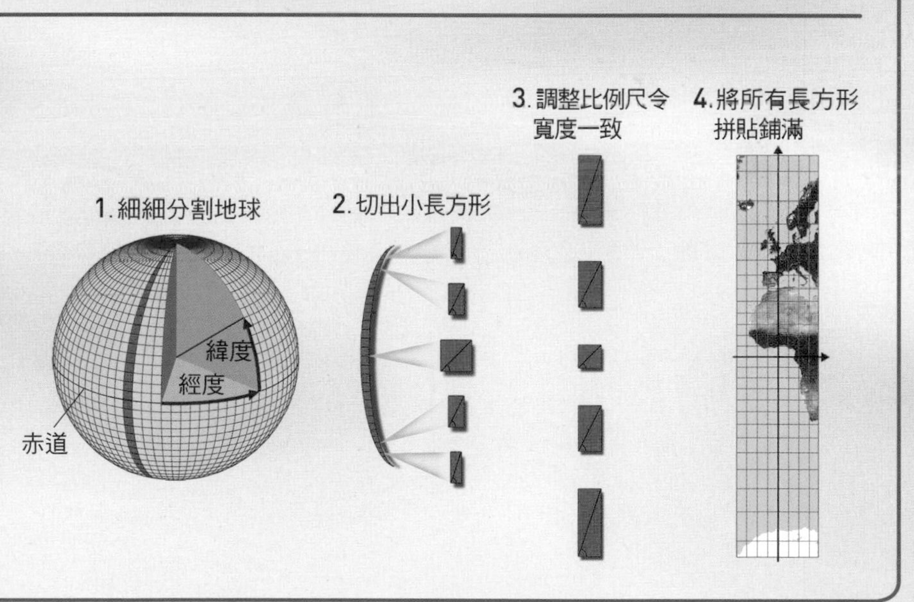

將圓、球、π 應用於生活中的科學

人孔蓋為何是圓的

無論往哪個方向傾斜，都不用擔心會掉進洞裡

有沒有想過為什麼人孔蓋要做成圓形的呢？應該沒有人看過正方形或正三角形的人孔吧。事實上，正方形或是正三角形的人孔是非常危險的。

舉例來說，假設有個邊長為 1 公尺的正方形人孔。那麼它的對角線長度就會是$\sqrt{2}$公尺＝1.414……公尺。這樣子真的很危險，看看下方圖 1 就知道了。在打開人孔蓋的時候，一個不

圖1 正方形

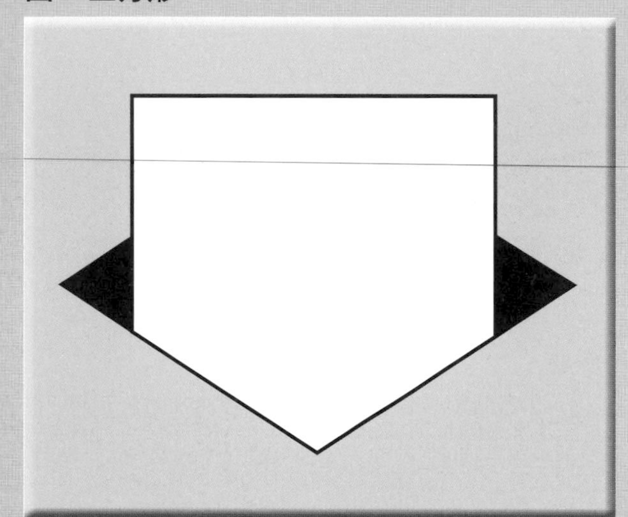

圖2 圓形

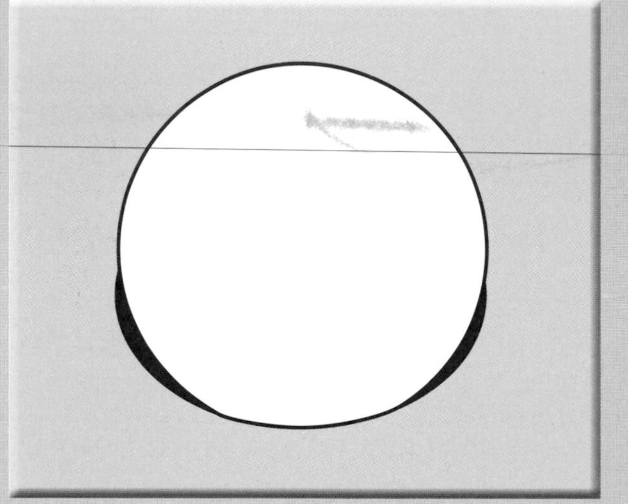

圖3 正三角形

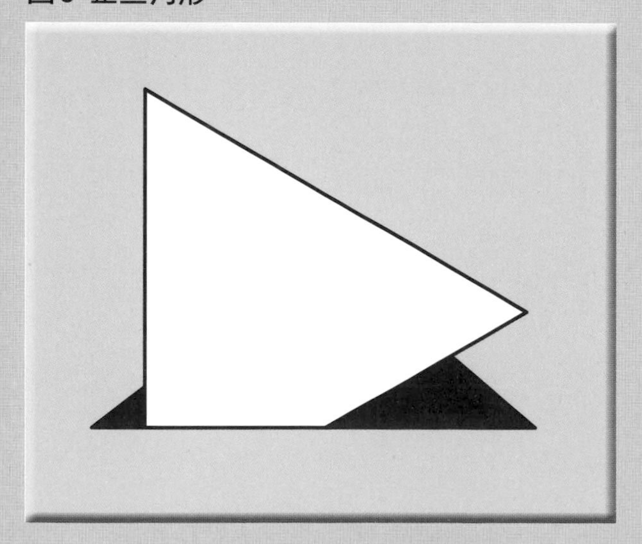

四邊形最長的部分是對角線的長度。另一方面，由於圓這種圖形的特點是，無論從哪個方向看，圓周與中心的距離均相等，所以直徑即為圓形中最長的部分，因此就不會發生人孔比人孔蓋還要大的情況。

注意這個蓋子就會掉進洞裡。

從這點來看，圓形人孔蓋就令人放心（下方圖 2）。無論從哪個方向看，圓的寬度均相同，因此不必擔心掉落的問題。圓形孔洞要支撐住圓形孔蓋，所以孔洞的半徑會做得比孔蓋稍小一點。如此一來，無論往哪個方向傾斜，人孔蓋都無法通過洞口。

至於正三角形的人孔，由於其高為邊長的 $\frac{\sqrt{3}}{2}$ ＝0.866……倍，所以要是如下圖 3 所示，在接近邊緣的地方縱向移動的話，人孔蓋仍然會掉入人孔內。也因此，就人孔蓋的形狀而言，圓所擁有的性質最為理想。

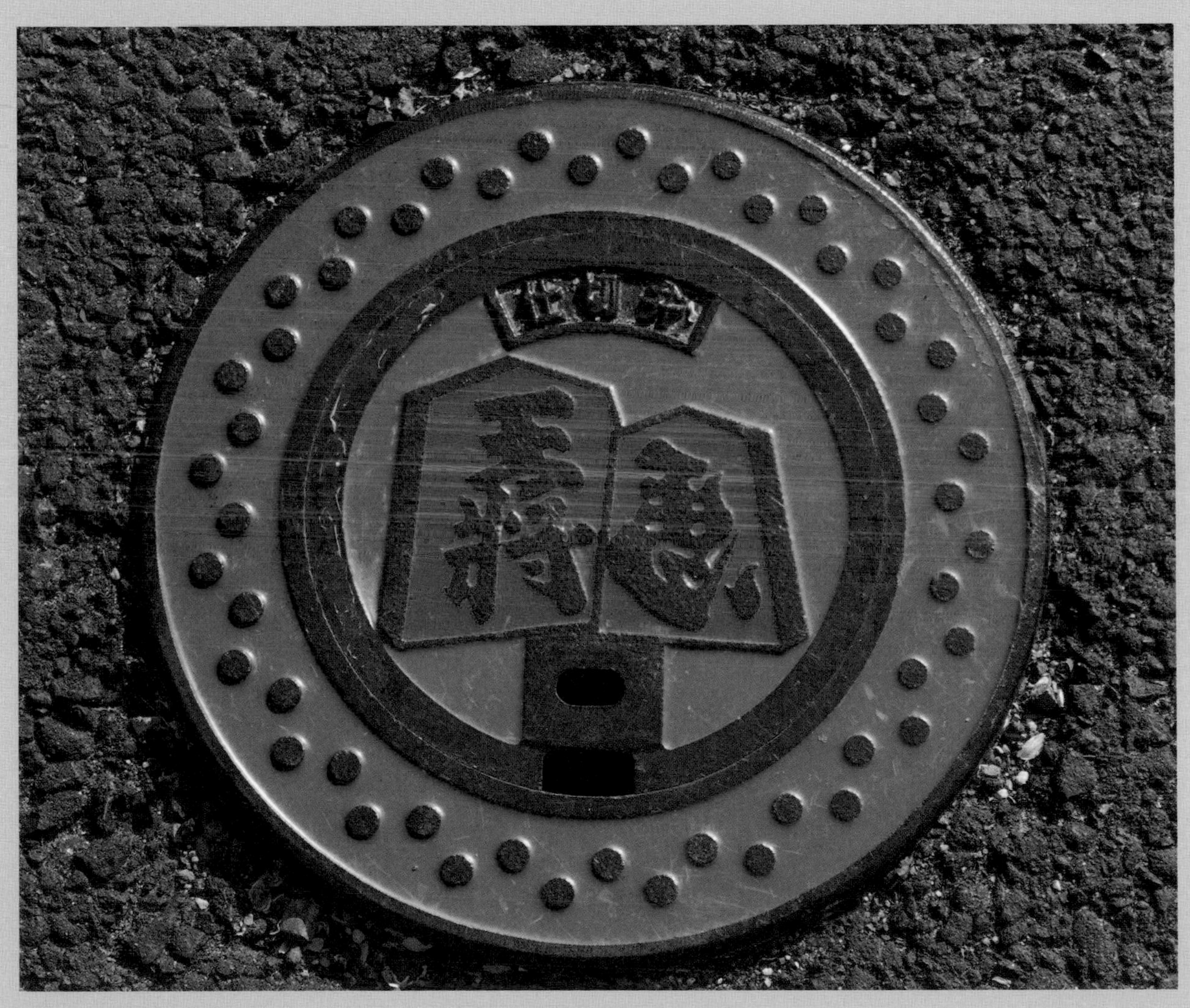

日本山形縣天童市的人孔蓋

將圓、球、π應用於生活中的科學

渾圓球狀水滴所隱藏的祕密

表面張力使水滴成為表面積最小的球

接下來要介紹圓與球在自然界中可見的神奇之處。

小水滴的形狀近似於球，應該是眾所周知的經驗。那麼，水滴為什麼會呈渾圓球狀呢？

水滴中鄰近的水分子會彼此互相吸引並聚合。這是源於電的引力，因為水分子中的氧原子帶負電，而氫原子帶正電※。**水分子互相吸引的結果，令水滴產生了促使表面積變小的力量，也就是「表面張力」在作用。**

1. 讓水滴變得渾圓的表面張力是什麼？

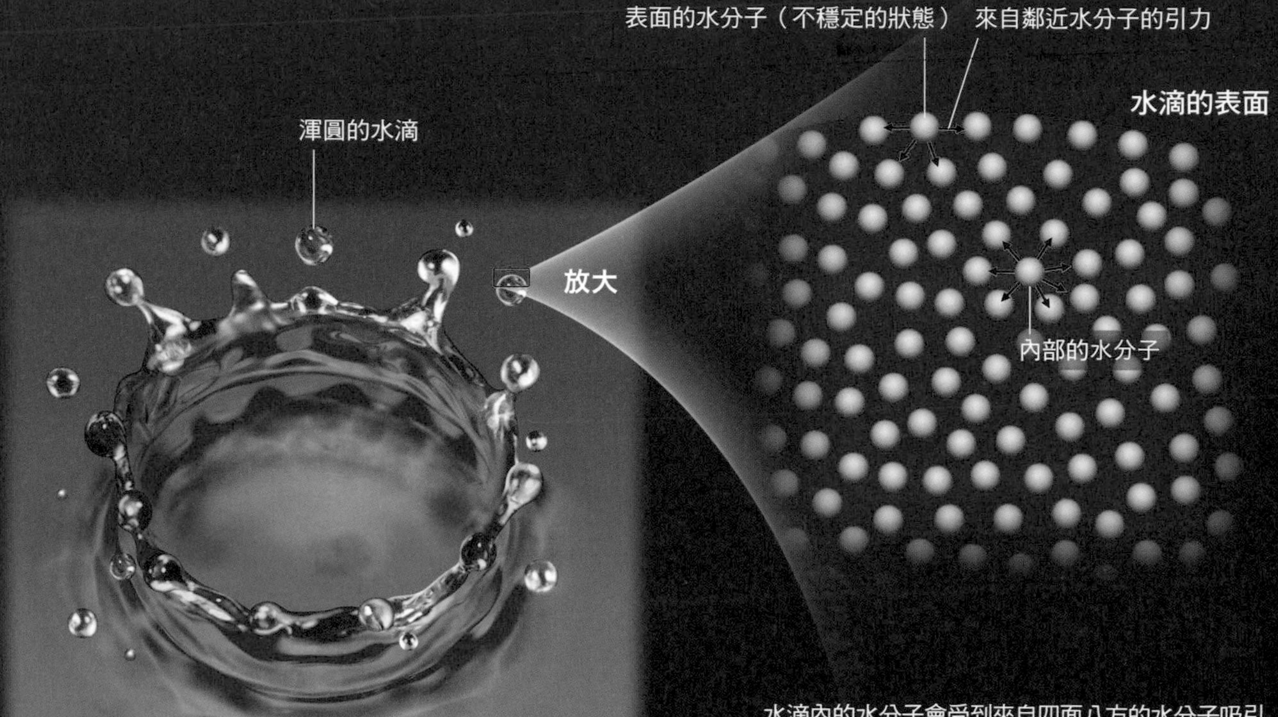

水滴內的水分子會受到來自四面八方的水分子吸引力（紅色箭頭）。另一方面，水滴表面的水分子則不會受到來自水滴外的吸引力。水分子在有許多同伴互相吸引時比較穩定，因此相較於水滴內的水分子，表面水分子的狀態更不穩定。以水滴整體而言，表面積儘可能地越小狀態越穩定。因此，水滴會縮成表面積最小的球體，這就是表面張力的真實樣貌。

就表面積來看，球可以稱得上是「特別的圖形」。因為與相同體積的形狀相比，球是表面積最小的立體構形。因此，具表面張力作用的水滴就成為表面積最小的球體。

※：水分子之間微弱的結合為「氫鍵」（hydrogen bond）的鍵結。

2. 相同體積下球體的表面積最小

體積1000cm^{3}的正立方體
（邊長為10cm）
→ 表面積為600cm^2

體積1000cm^{3}的圓柱體
（底面半徑與高均為6.83cm）
→ 表面積約586cm^2

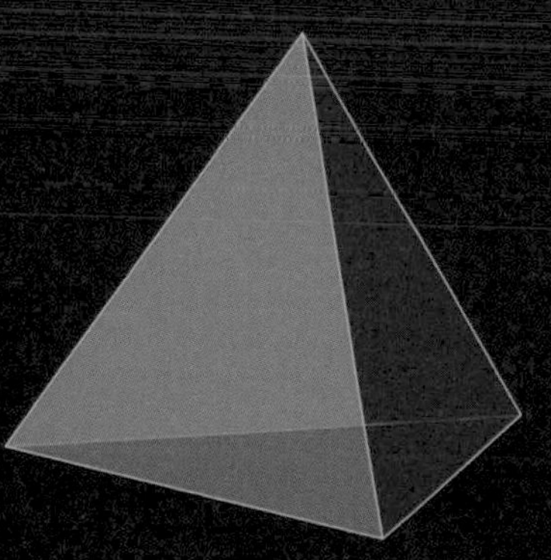

體積1000cm^{3}的正四面體
（邊長為20.4cm）
→ 表面積約721cm^2

體積1000cm^{3}的球體
（半徑為6.20cm）
→ 表面積約484cm^2

球狀天體與形狀扭曲的天體之間有何差異？

朝中心拉引的重力作用強度有所差異

宇宙之中也有許多球體。太陽之類的恆星，或是火星之類的行星，幾乎都是球狀形體。這是因為具朝向天體中心拉引的重力在作用之故。從中心處來看，恆星與行星等天體形成所有方向皆「等同」的球體，可以說是很自然的事。

而像地球這樣的固態天體，其實也有很長一段歲月是以液態存在的。當出現巨大的凹凸時，會因塌陷或是填埋而將這些凹凸拉平。

此外，在太陽系的小天體當中，也有很多呈現與球狀體大不相同的扭曲形狀。這是因為小天體的尺寸較小，導致重力無法完全發揮，使得凹凸無法拉平的緣故。

球狀天體與扭曲天體的分界為何？

儘管密度也需納入考量，但就一般而言，天體的質量越大就會越接近球狀體，因為拉向中心的重力也會隨之變強的緣故。據信由岩石所構成的天體直徑超過800公里，而由冰構成的天體直徑超過1000公里，就會形成球狀體。

太陽（恆星）
直徑約140萬公里。由電離氣
體（電漿，plasma）構成。
火星（類地行星）
直徑約6800公里。
小天體
在小型天體之中，
呈扭曲形狀的天體
並不少見。

將圓、球、π 應用於生活中的科學

行星軌道呈圓形模樣的成因

一般認為太陽系誕生自原始圓盤

宇宙中存在著許多圓形模樣與圓盤狀的構造。例如太陽系眾行星的軌道，便是呈現以太陽為中心的圓形模樣（嚴格來說是接近圓的橢圓）。而且這些軌道幾乎都在同一個平面上。

一般認為，太陽系大約是46億年前從氣體與微塵所構成的「原始太陽系圓盤」之中誕生的。實際上，藉由天文觀測也發現太陽系之外亦有這類圓盤（原行星系圓盤，protoplanetary

太陽系形成之前

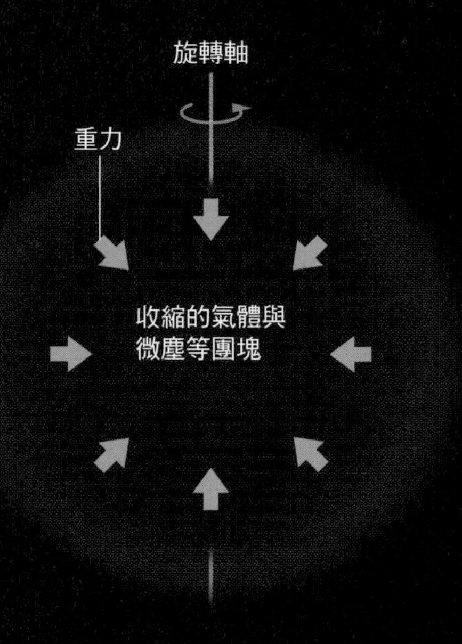

儘管氣體與微塵原本四散於各處活動，其運動總會隨著時間流逝而漸趨止息，成為旋轉的狀態。

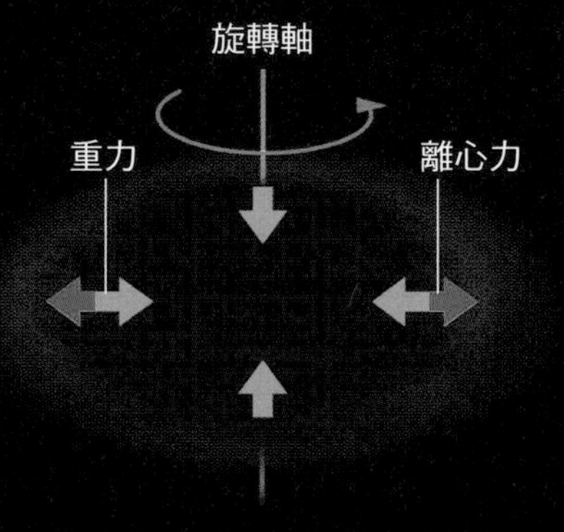

氣體與微塵持續收縮，使得旋轉半徑縮小且旋轉速度上升。由於旋轉產生的離心力與重力方向相反，因此徑向（圖的左右方向）收縮會緩和下來。而軸向（圖中的上下方向）則會持續收縮，導致團塊朝著軸向壓縮。

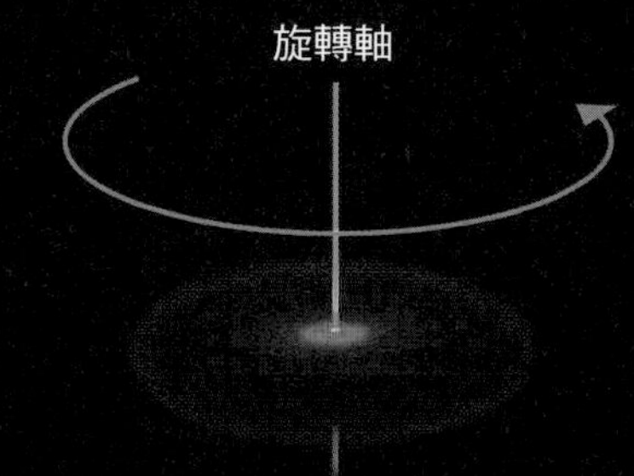

當氣體與微塵進一步收縮，將使旋轉速度增加，而朝著徑向（圖中的左右方向）的收縮會停止，因而形成了圓盤狀構造。

disk）存在。

在宇宙中，因重力而聚集的氣體與微塵等團塊一旦旋轉，離心力就會作用於與旋轉軸垂直的朝外方向上。即使氣體與微塵因重力的作用而收縮，與旋轉軸垂直的方向也不會進行收縮，都是在旋轉軸方向上持續收縮。

當旋轉與收縮持續進行，會使氣體與微塵的分布變得扁平，進而呈現對稱性良好的圓形分布。如此，便形成了圓盤狀的構造。

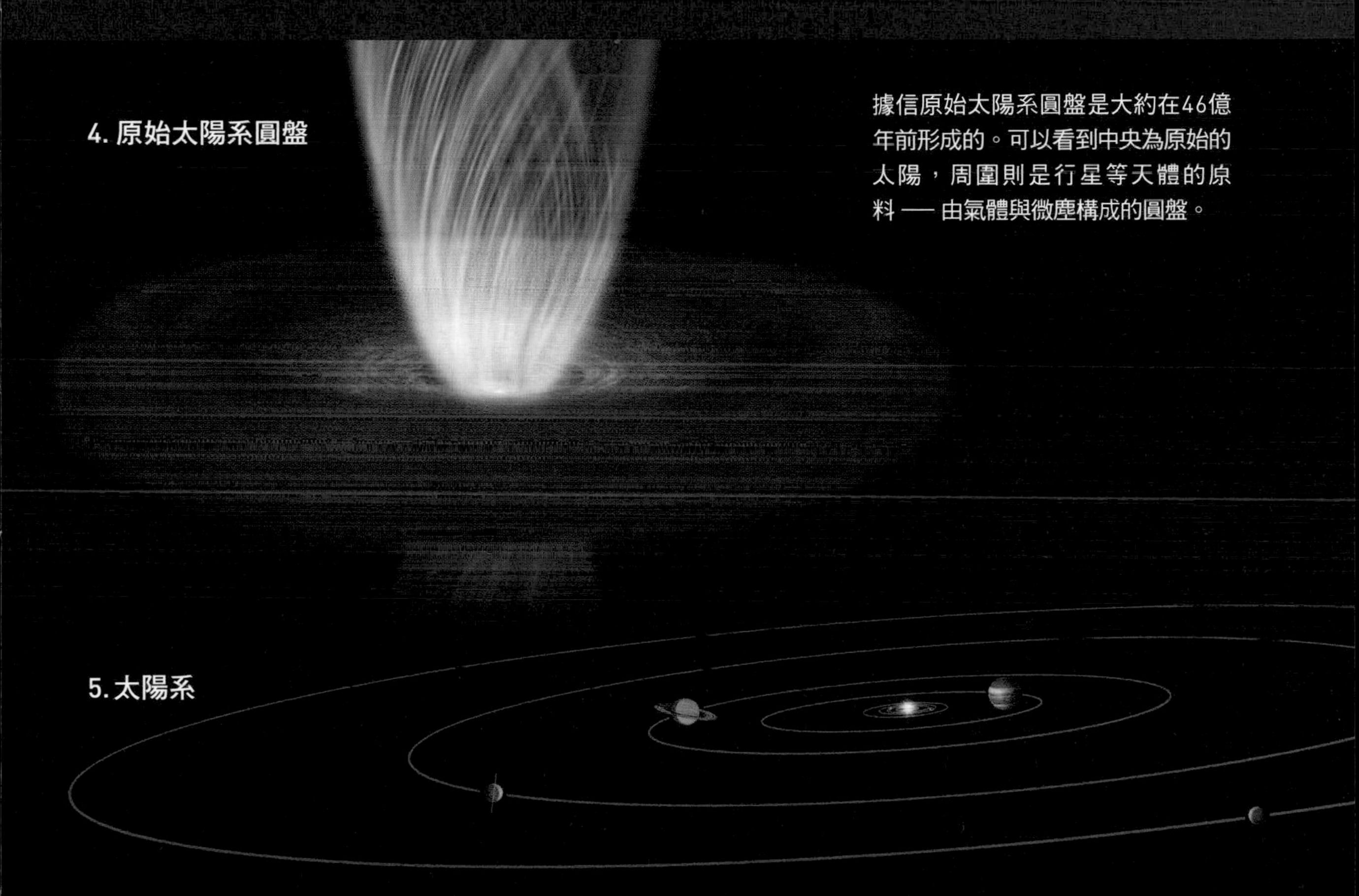

4. 原始太陽系圓盤

據信原始太陽系圓盤是大約在46億年前形成的。可以看到中央為原始的太陽，周圍則是行星等天體的原料 —— 由氣體與微塵構成的圓盤。

5. 太陽系

現在的太陽系中，有八顆行星沿著近似正圓的橢圓軌道在幾乎同一平面上運行。離太陽越遠，軌道偏離該平面的的小天體就越多，但整體而言大致都是圓盤構造。

Column

Coffee Break

什麼方法能將壹圓硬幣排列得最緊密？

想必有人在每次旅行出發前，都會煩惱應該如何打包行李，如果其中有圓形物品的話更是如此。因此，我們就來思考什麼樣的有效方法，能在無限寬廣的平面上把硬幣（也就是圓形物）排列得最緊密。

容易想到的簡單方法，應該就是在單個硬幣的上下左右鄰接其他硬幣的排列方式。如果將硬幣中心以直線相

1. 間隙多的排列方法

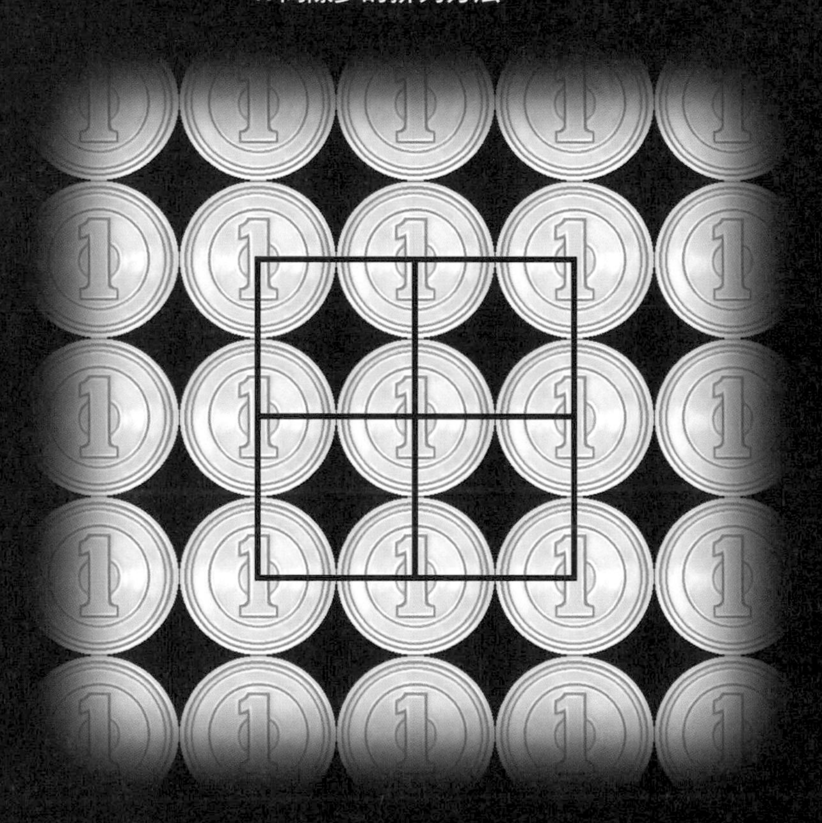

硬幣面積占平面的78.5％。

連，就會出現正方形的格子圖案。然而這種排列方法的間隙很多，硬幣面積占平面的比例只有78.5%。

那麼，如果是在單個硬幣周圍以六邊形結構去鄰接六個硬幣的排列方法，又會如何呢？將硬幣中心以直線相連，就會出現正三角形組成的圖案。如果採用這種排列方法，硬幣面積占平面的比例就會上升到90.7%。直觀而言，應該也能看出間隙少了很多。我們經由數學得到證明，在平面上把硬幣排列得最緊密的方法就是採用此種配置方式。

2. 間隙少的排列方法

硬幣面積占平面的90.7%。

Column

Coffee Break

什麼方法能將球體堆疊得最緊密？

就像我們會煩惱如何打包行李，數學家也會煩惱類似的問題。那就是：「要如何配置才能夠把球堆疊得最緊密呢？」

說到在空間中堆疊球的方法，容易想到的應該是將正立方體頂點當作球中心的配置方式。這種堆疊方法稱為「單純正立方結構」（simple cubic structure）。不過這種堆疊方法的間隙很多，球體積占空間的比例僅52.4%。

在這裡，平面上把硬幣排列得最緊密的方法就可以供作提示。將第67頁的壹圓硬幣替換成球，然後設想其為結構的一層，再按照順序把球一層層堆疊上去。但是，第 2 層的球要配置在第 1 層的凹陷部分，之後的各層也都一樣要將球配置在下層的凹陷部分※。

這樣的堆疊方式稱為「六方最密堆積結構」（HCP，hexagonal close-packed structure）與「面心立方結構」（FCC，face-centered cubic structure）。球體積占空間的比例上升到74.0%。我們經由數學得到證明，在空間中把球堆疊得最緊密的方法就是採用此種配置方式。

1. 間隙多的球堆疊方法（單純正立方結構）

以白線畫出正立方體各頂點為球中心的堆疊方法。球的體積占空間的52.4%。

※：第69頁中顏色相同的球表示屬於同一層。

2. 間隙少的球堆疊方法
（六方最密堆積結構）

以白線畫出正六角柱各頂點以及正六邊形的中心為球中心。並將三顆球配置在中間，採用彷彿被這些正六邊形包夾的方式來排列。球的體積占空間的74.0%。

鎂、鈹、鋅、鎘等物質的原子配置（晶體結構）即為六方最密堆積結構。

3. 間隙少的球堆疊方法
（面心立方結構）

以白線畫出正立方體各頂點以及各面中心為球中心的堆疊方法。球的體積占空間的74.0%。

鋁、金、銀、銅等物質的原子配置（晶體結構）即為面心立方結構。

鎂

鋁

金

無限延續的奇妙數值 π

進行無限次加法運算的「無窮級數」

無窮級數的和有時會趨近於有限值

接著就來看看圓周率 π 的奇妙之處吧。

如同第6～7頁所提到的，π 是個無理數，亦即分子與分母皆無法用整數來表示的分數。然而，如果是進行無限次加法運算的「無窮級數」（infinite series），已知有許多方法可以用來表示 π。這裡首先要介紹何謂無窮級數。

像「1＋2＋3＋4＋……」這樣，將整數依序無限地加下去，應該可以馬上看出其和會變得無限大（向

1. 和向無限大發散的無窮級數範例

$$1+2+3+4+5+6+\cdots\cdots\cdots\cdots\cdots=\infty$$

2. 和向無限大發散的無窮級數範例

$$\frac{1}{1}+\frac{1}{2}+\frac{1}{3}+\frac{1}{4}+\frac{1}{5}+\frac{1}{6}+\cdots\cdots\cdots\cdots\cdots=\infty$$

3. 和向有限數值收斂的無窮級數範例（下方的無窮級數會收斂於2）

$$\frac{1}{1}+\frac{1}{2}+\frac{1}{4}+\frac{1}{8}+\frac{1}{16}+\frac{1}{32}+\cdots\cdots\cdots\cdots\cdots=2$$

無限大發散）。那麼，「$\frac{1}{1}+\frac{1}{2}+\frac{1}{3}+\frac{1}{4}+\cdots\cdots$」會如何呢？已知該級數的和也會向無限大發散。

這次，就如同「$\frac{1}{1}+\frac{1}{2}+\frac{1}{4}+\frac{1}{8}+\cdots\cdots$」這樣，將各個分母增加為 2 倍的無窮級數又是如何呢？事實上，其和會趨近（收斂）於有限值「2」。就像這樣，無窮級數的和也是有收斂於有限數值的情形。

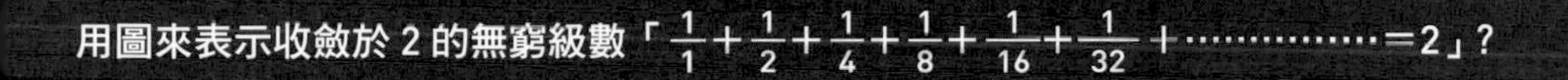

用圖來表示收斂於 2 的無窮級數「$\frac{1}{1}+\frac{1}{2}+\frac{1}{4}+\frac{1}{8}+\frac{1}{16}+\frac{1}{32}+\cdots\cdots\cdots\cdots\cdots=2$」？

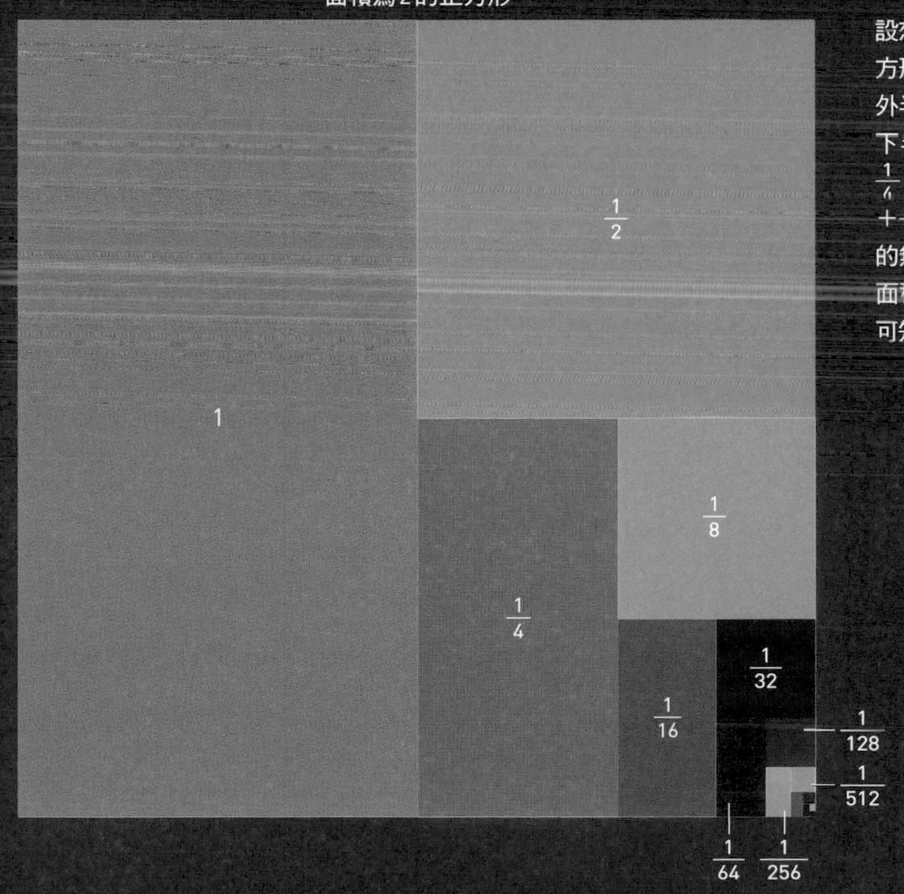

設想一個面積為 2 的正方形。將正方形一分為二的半邊面積為 1。另外半邊再一分為二的面積為$\frac{1}{2}$。剩下半邊再繼續一分為二的面積為$\frac{1}{4}$。像這樣持續下去，當進行「$\frac{1}{1}+\frac{1}{2}+\frac{1}{4}+\frac{1}{8}+\frac{1}{16}+\frac{1}{32}+\cdots\cdots$」的無限次加法運算時，就相當於將面積為 2 的正方形填補起來。由此可知，該無窮級數的和會收斂於 2。

無限延續的奇妙數值 π

π 能夠用無窮級數來表示

從神奇的公式中感受 π 的神祕性質

與 π 相關的無窮級數代表範例，分別是由印度的馬德哈瓦（Madhava of Sangamagrama，約1340～1425）、蘇格蘭的格雷果里（James Gregory，1638～1675）以及德意志的萊布尼茲（Gottfried Wilhelm Leibniz，1646～1716）這三位數學家獨力發現的公式。

這個神奇的公式就是，對無限連接的「奇數分之 1」進行加減法的交互運算，再將其和乘以 4 即為 π。為什

1. 與 π 相關的無限加法運算（馬德哈瓦 - 格雷果里 - 萊布尼茲級數）

$$\frac{1}{1}-\frac{1}{3}+\frac{1}{5}-\frac{1}{7}+\frac{1}{9}-\frac{1}{11}+\frac{1}{13}-\cdots\cdots=\frac{\pi}{4}$$

2. 與 π 相關的無限加法運算（梅欽級數）

$$4\left(\frac{1}{1\times5^1}-\frac{1}{3\times5^3}+\frac{1}{5\times5^5}-\cdots\right)-\left(\frac{1}{1\times239^1}-\frac{1}{3\times239^3}+\frac{1}{5\times239^5}-\cdots\right)=\frac{\pi}{4}$$

麼整數分數的無窮級數會與圓所衍生的數值π有所關聯呢？

由英國梅欽（John Machin，1680～1751）所發現與π相關之無窮級數，為π值的計算帶來極大的進展。而瑞士天才數學家歐拉（Leonhard Euler，1707～1783）也發現許多與π相關的無窮級數。

光是鑑賞這些神奇的公式，就能感受到π這個數既神祕又深奧的魅力。

3. 與π相關的無限加法運算（歐拉級數）

$$\frac{1}{1^2}+\frac{1}{2^2}+\frac{1}{3^2}+\frac{1}{4^2}+\frac{1}{5^2}+\cdots\cdots\cdots\cdots\cdots\cdots=\frac{\pi^2}{6}$$

4. 與π相關的無限加法運算（歐拉級數）

$$\frac{1}{1^2}+\frac{1}{3^2}+\frac{1}{5^2}+\frac{1}{7^2}+\frac{1}{9^2}+\cdots\cdots\cdots\cdots\cdots\cdots=\frac{\pi^2}{8}$$

無限延續的奇妙數值π

至今仍持續計算π之小數點後的位數

在π的數值之中，也有您的手機號碼？

英國的尚克斯（William Shanks，1812～1882）在1873年用「梅欽級數」（第72頁）成功將π值計算到小數點後第527位。

現今則是使用數個能夠更有效運算的算式，由電腦來計算π值。2016年11月，特魯布將π值計算到小數點後第22兆4591億5771萬8361位數。

在那之後，用電腦來計算π的紀錄持續更新，2019年達到第31兆4159億2653萬5897位數，由岩尾

1. 若將超過小數點後的22.4兆位數列印出來的話？

π在小數點後第22兆4591億5771萬8361位數的計算結果，是記錄在電腦的硬碟裡。假設使用A3紙張，於每張紙上列印5萬個位數，就得需要4億4918萬3155張紙。如果紙張的厚度為0.1毫米，那麼數量如此龐大的A3紙張堆疊起來，約可達44.9公里高。這個高度大約是日本富士山（標高3776公尺）的11.9倍。

艾瑪（Emma Haruka Iwao）所創下；2020年則由姆立坎（Timothy Mullican）創下50兆位數的紀錄。說不定在您閱讀本書的此刻，紀錄仍在持續更新中。

由於 π 在小數點之後會無限延續，所以數字0～9會以不規則的方式出現，原則上無論何種數列都包含在內。例如，您（以及所有讀者）的手機號碼應該也在其中。

然而，π 在小數點之後的數字是否具備嚴謹的不規則性，尚未獲得證明。π 之中尚有連數學家也還沒解開的謎團。

2. π 值當中所發現的神奇數列

012345678901	小數點後第1兆7815億1406萬7534位數開始的12位數等多處
8888888888888	小數點後第2兆1641億6466萬9332位數開始的13位數
000000000000	小數點後第1兆7555億2412萬9973位數開始的12位數
111111111111	小數點後第1兆410億3260萬9981位數開始的12位數
777777777777	小數點後第3682億9989萬8266位數開始的12位數
14142135623	小數點後第4566億6102萬5038位數開始的11位數等多處 ※此數列為 $\sqrt{2}$ 開始的前11位數。
314159265358	小數點後第1兆1429億531萬8634位數開始的12位數 ※此數列為圓周率 π 開始的前12位數。

Column

Coffee Break

最適合求婚的日子？「圓周率日」

3月14日之所以被稱為「圓周率日」，理由當然是源自於π值為「3.14……」。圓周率值是個無限延續的數，所以含有「發誓愛將持續到永遠」的意思，因此似乎也有人選在這一天求婚。這是多麼浪漫的事。而在日本，由於這一天也是白色情人節，或許更適合求婚呢！

儘管世界上大多數國家認為3月14日是圓周率日，但似乎也有根據國情不同而將其他日子定為圓周率日的情形。例如，歐洲有些國家是將7月22日定為圓周率日。這是因為阿基米德求出π之近似值為「$\frac{22}{7}$」的緣故（請見第26～27頁）。此外，圓周率日在中國則為12月21日，因為祖沖之求出π之近似值為「$\frac{355}{113}$」的緣故（請見第28～29頁）。據說會在新年開始第355天——也就是12月21日的1點13分慶祝。

除了前述的範例，似乎也有定其他日子為圓周率日的情形。圓周率可謂受到全世界愛戴且充滿魅力的數。

吃「派」慶祝圓周率日

慶祝圓周率日的方式根據國情不同而五花八門。似乎也有人基於「π＝派」而用吃派來慶祝。

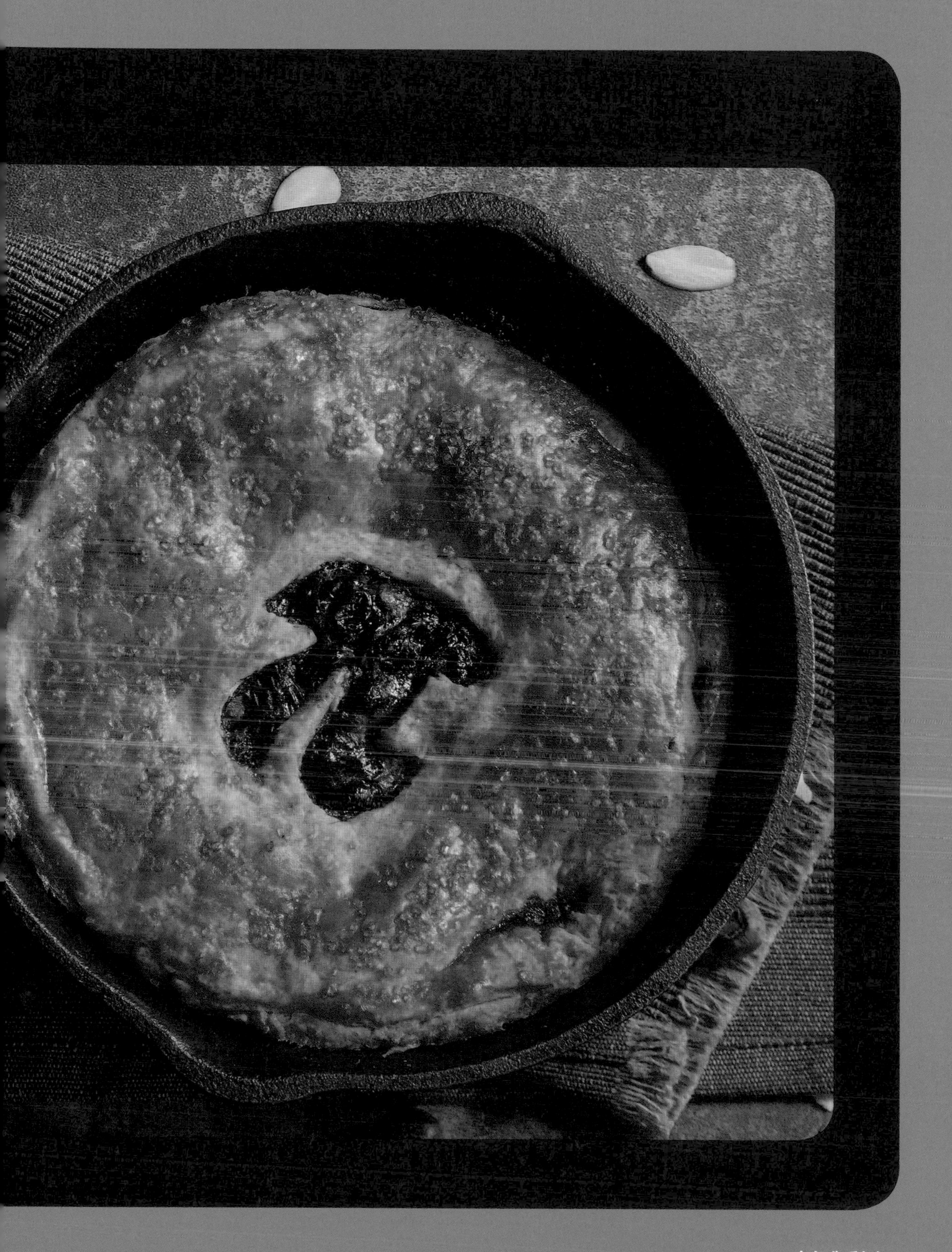

結語

「π」的故事在此告一段落，讀者您覺得如何？

從無限延續的 π 之樣貌開始，再看到「最美圖形」的圓與球、人類尋覓 π 值的挑戰史、圓面積與球體積、球面的奧祕、與 π 相關之生活中的科學，以及隱藏在 π 值之中的祕密。像是球面上的三角形內角和以及圓周率值等等，這些超出常識的內容是否讓您感到驚奇呢？

π 值是人類至少從西元前2000年的古代開始，就一直想求出的數。歷經了長達4000年的時間，人類的計算突破到小數點後第50兆位數，然而時至今日，π 依舊令人類十分著迷。

何不以本書為契機，試著挑戰深奧的圖形世界呢？

少年伽利略 科學叢書09

少年伽利略系列好評熱賣中！

數學謎題

書中謎題你能破解幾道呢？

熱愛思考、解謎的人一定會喜歡！本書收錄了38道跟數學有關的謎題，不僅可以在推理的過程中訓練邏輯能力，自然融入數學概念的特色還能讓大腦更加活躍。

這是一本適合消磨時間的益智遊戲，也適合學生來演練讀題、解題的能力。

少年伽利略一貫淺顯易懂的解說，再搭配有趣的全彩內容，非常適合探索學習、深入思考。

定價：250元

少年伽利略 科學叢書10

少年伽利略系列好評熱賣中！

數學謎題進階篇

能解答就是天才！燒腦數學謎題

如果覺得《數學謎題》還不過癮，這次推出難度更高的38道謎題。雖然名為「進階篇」，不過只用到基本的數學概念，重點是思路彈性靈活、邏輯思考能力夠強，就能破解謎題。

尤其現在大考出題方向越加多元，配合圖片解題，有時找不到解答是因為沒讀懂題目或是不會活用觀念。趕緊透過本書來活絡一下腦筋吧！

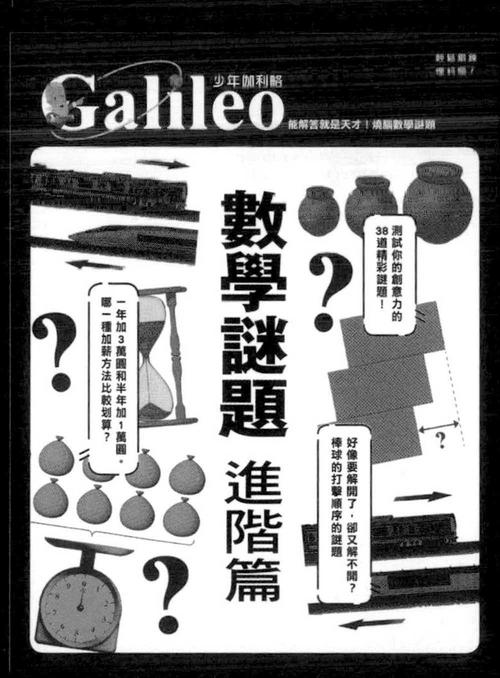

定價：250元

【 少年伽利略 19 】

圓周率

潛藏在圓與球之中無限延續的數

作者／日本Newton Press
執行副總編輯／陳育仁
翻譯／吳家葳
編輯／蔣詩綺
商標設計／吉松薛爾
發行人／周元白
出版者／人人出版股份有限公司
地址／231028 新北市新店區寶橋路235巷6弄6號7樓
電話／（02）2918-3366（代表號）
傳真／（02）2914-0000
網址／www.jjp.com.tw
郵政劃撥帳號／16402311 人人出版股份有限公司
製版印刷／長城製版印刷股份有限公司
電話／（02）2918-3366（代表號）
經銷商／聯合發行股份有限公司
電話／（02）2917-8022
第一版第一刷／2022年02月
定價／新台幣250元
　　　港幣83元

國家圖書館出版品預行編目（CIP）資料

圓周率：潛藏在圓與球之中無限延續的數
日本Newton Press作；
吳家葳翻譯. -- 第一版. --
新北市：人人出版股份有限公司, 2022.02
面； 公分. —（少年伽利略；19）
ISBN 978-986-461-272-7（平裝）
1.CST：圓周率

316　　110021916

Staff

Editorial Management　木村直之
Design Format　米倉英弘＋川口 匠（細山田デザイン事務所）
Editorial Staff　上月隆志，加藤 希

Photograph

30　一関市博物館
31　和算研究所
32　Sciense Source/アフロ
59　moonrise/stock.adobe.com
76～77　vm2002/stock.adobe.com

Illustration

Cover Design　宮川愛理
2～19　Newton Press
20～21　中村建斗・荒木義明
22～29　Newton Press
33～55　Newton Press
56～57　Newton Press（地図データ：Reto Stöckli, NASA Earth Observatory/NASA Goddard Space Flight Center Image by Reto Stöckli (land surface, shallow water, clouds).Enhancements by Robert Simmon (ocean color, compositing, 3D globes, animation). Data and technical support: MODIS Land Group; MODIS Science Data Support Team; MODIS Atmosphere Group; MODIS Ocean Group Additional data: USGS EROS Data Center (topography); USGS Terrestrial Remote Sensing Flagstaf Field Center (Antarctica); Defense Meteorological Satellite Program (city lights).), kintomo/stock.adobe.com
58　Newton Press
60～75　Newton Press